心静如水

如何与困难情绪泰然相处

〔西〕佩佩·加西亚 著　　陈晓阳 译

北京联合出版公司
Beijing United Publishing Co.,Ltd.

图书在版编目（CIP）数据

心静如水：如何与困难情绪泰然相处 /（西）佩佩·加西亚著；陈晓阳译. -- 北京：北京联合出版公司，2025. 8. -- ISBN 978-7-5596-8569-8

Ⅰ. B84-49

中国国家版本馆 CIP 数据核字第 20255VR060 号

北京市版权局著作权合同登记 图字：01-2025-2837 号

Original title: Manual para la serenidad: Estoicismo práctico para gestionar emociones difíciles

心静如水：如何与困难情绪泰然相处

著　　者：（西）佩佩·加西亚
译　　者：陈晓阳
出 品 人：赵红仕
责任编辑：周　杨

北京联合出版公司出版
（北京市西城区德外大街 83 号楼 9 层　100088）
三河市嵩川印刷有限公司印刷　　新华书店经销
字数 110 千字　　880 毫米 × 1230 毫米　　1/32　　7.5 印张
2025 年 8 月第 1 版　　2025 年 8 月第 1 次印刷
ISBN 978-7-5596-8569-8
定价：45.00 元

序言

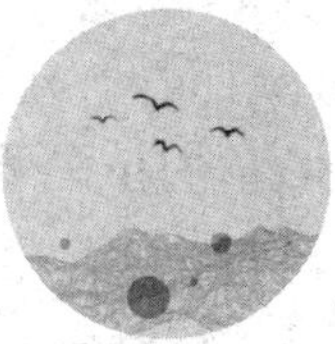

人生旅途中，难免会遇到波折险阻。内心的惊涛骇浪和外界的喧嚣纷扰交织，冲击着心灵最深处的自我。而恰在精神与物质的十字路口——我敬爱的挚友、“斯多葛主义者”佩佩·加西亚的智慧于此显现。

能为这本书作序，我深感荣幸，并对作者怀有深深的敬意。本书萃取了斯多葛哲学的核心智慧，并赋予其现代意义，使之与当代人的生活相契合。这本书本身就是勇毅宣言，更是人类能力的见证：在情感与思绪的惊涛骇浪中，我们始终保有驾驭心潮的生命锚点。作者佩佩·加西亚用这本书，邀请我们踏上了一段探索灵魂的旅程。

佩佩不仅是一位作家，更是一个朋友。在我们迷茫的时候，向我们伸出援手，教我们以斯多葛派的尊严前行，教我们像脚踏实地、仰望星空的梦想者那样，怀揣着希望前行。

本书的每一章宛如指路的灯塔，照亮我们反思与自我探索的旅程。从“愤怒：一种短暂的疯狂”到“失去至亲”，这本书犹如一本地图集，帮助我们按图索骥，探索人生和生命最隐蔽的地方，用光照亮，点石成金，化弱为强。

佩佩的语言风格简洁明晰，富有温度，既深刻又易于理解。他不仅向我们展示了情绪最阴暗的一面，而且教给我们如何使用现代工具和斯多葛主义的古典工具来管理情绪。

这本书鼓励我们勇敢行动，接纳自身的不完美，并学习如何与之和谐相处。这本书并不是想要我们否认自己的本性，而是希望我们怀着善意，努力学会如何将自己的本能情绪反应引向风平浪静的安全港湾。佩佩·加西亚提醒我们，生活中难免遭遇困境，若能保持内心的平静，坚守目标，我们便能以理性和智慧迎接挑战。

在这个节奏飞快、纷扰不息的世界里，佩佩引导我们珍视内心的平静。他以谦逊、严谨、充满智慧的方式，为我们指引方向，帮助我们踏上自我实现与成长的旅程。

你可以反复阅读本书，用它来实践，把它带在身边随时翻看，亦可以和他人分享，或当作礼物赠送。这本书就像一个能指引方向的罗盘，总是指引我们找到最佳自我。这本书也清楚地展示了，经典是用来创新的，使过去的教诲焕发生机，并充分展现出它们在当今社会的意义，帮助我们更加深入地理解当代生活中种种挣扎。佩佩为我们生动地展示了，实用的智慧永不过时。

内心平静等美德可以让生活变得更美好，想要追求它们的人啊，请沉浸在这本书中吧。你不仅能获取知识，更能找到愉悦、安慰和启发。这是我的经验之谈。

亚历克斯·罗维拉（Álex Rovira）

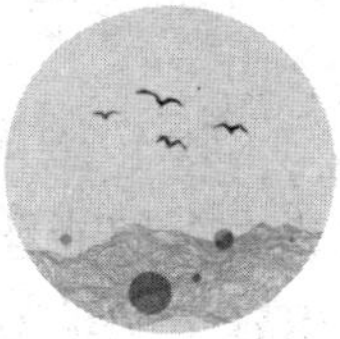

前言

深思你曾无数次听闻与言说的道理，并在实践中证明自己真正理解并践行了这些智慧。世人对哲人的批评中，最尖锐、最具杀伤力的莫过于：他们只会高谈理论，却从不付诸实践。

——《塞涅卡道德书简：致卢基利乌斯书信集》（*Cartas a Lucilio*），塞涅卡（Séneca）[1]，第二十四封第十五条

在撰写这本书的过程中，我几乎体会到了书中谈及的所有激情[2]——愤怒、恐惧、痛苦、依恋、焦虑、欲望、压力和嫉妒。而书中包含的实践练习，就如同工具箱里一件件称手的工具，帮助我与这些情绪和谐相处。

写书的时候，我愈发清晰地认识到，我们所有人一直处在一种有情绪的状态。从清晨睁眼到夜晚入眠，几乎时时刻刻都受着某种情绪的影响。而能否成功管理情绪，关键在于我们能否敏锐地识别它、坦然地接纳它，并学会与之和谐相处。这本书，就是为了帮助大家做到这一点而诞生的。

---

① 塞涅卡是斯多葛主义哲学家。（译者注）
② 激情在本书中通常指强烈的情绪或情感。（译者注）

我不奢望写出一部情绪管理的“绝世宝典”，这本书仅仅是我为人们能理解和管理激情献上的一点绵薄之力。在书中，我用到了两种看似背道而驰、实则相辅相成的思想——现代心理学和古典哲学。

尽管很明显这两门学科的创立时间相差甚远，但深入探究后就会发现，它们之间的联系比我们最初以为的紧密得多。我发现，许多现代研究都有力地证明了传统哲学实践的有效性。

例如，斯多葛派和苏菲派早就发现，情绪先在身体上有所表现，随后才传达到大脑。我敬爱的纳萨雷斯·卡斯特利亚诺斯（Nazareth Castellanos）说过，科学固然是极为重要且可靠的知识来源，但绝非唯一。哲学也为清醒地、专注地观察着这个世界的人提供实践智慧，而这种智慧只能通过不断的练习和反思获得。所以，在这本书中，我从古典和现代两个角度出发，阐释了情绪管理的理论，还精心准备了一系列实践练习，希望能实实在在地帮到大家。

当你翻开这本书时，我衷心希望你能带着开放包容的心态去阅读。先别急着判断书中内容是对是错，不妨把这当作一个有趣的实验。就像科学家做研究那样，先提出假设，然后亲身去实践验证，最后再来决定是接纳这些观点，还是将它们搁置一旁。这个探索的过程短则几天，长则几个月，甚至几年。

我鼓励你大胆地质疑和挑战书中的观点。这可不是一本罗列着金科玉律的书，书中的内容不是一成不变的，而是会随着思考和实践不断变化的。我的观点只是万千观点之一。正如马可·奥勒留（Marco Aurelio）[①] 的格言：你即将读到的只是我的一家之言，并非确信无疑的事实。唯有在实际生活场景中实践

① 马可·奥勒留是古罗马帝国政治家、军事家，罗马五贤帝时代最后一位皇帝，同时也是著名的斯多葛派哲学家。（译者注）

书中的观点，勇于质疑，你才能最终收获属于自己的果实。

我的任何观点都不是绝对真理。在某些情况下可以指引我的方法和观点，未必对你也有用，甚至可能根本无法引起你的共鸣。正如塞涅卡在他的第 33 封信结尾部分写道：“寻找不同的道路，选择对你来说走起来最容易的。”所以，在阅读这本书的过程中，大胆去探索属于你的理解和方法吧。

我还必须提醒一点：说起来容易，做起来难。我清楚，本书中的所有实践练习都是说起来容易，内化起来难。这就如同生活里的各类事情，理论总是比实际操作简单得多。说说马拉松容易，而经过数月的艰苦训练去完成马拉松可就难多了。说我们每天都会冥想容易，而坚持这样做很难。说我们想改善情绪管理很容易，可当情绪汹涌澎湃、全然失控时，想要管理情绪就不是一件易事。

激情，也就是所谓的“负面”情绪，会一次又一次地控制我们。在生活中，这些情绪有时候像沉重的巨石，压得人喘不过气；有时虽没那么强烈，却也始终萦绕在身边。激情始终伴随我们左右，而接纳这一点，正是迈向自我管理的第一步。因此，斯多葛学派强调，如果不想做情绪的奴隶，如果想要自由，想要拥有美好人生，学会管理情绪至关重要。

无论我们信不信，情绪管理都不仅仅是让我们“感觉好”这么简单。它会作用于我们的行为举止，影响我们看待生活的方式，甚至塑造我们是谁。心理健康决定生活质量。马可·奥勒留曾说，反复出现的想法最终会影响我们的心灵。塞涅卡则说，如果对激情放任不管，久而久之，这些情绪就会变成心灵的疾病。

对于情绪管理，斯多葛学派的思想和方法十分有效。斯多葛学派的目标是不断完善行为举止和思维方式，精准地看待世界。

然而，情绪干扰了我们对世界的感知。因此，只有意识到情绪如同滤光镜一般，我们才能清楚，这层滤光镜让我们的理智眼镜变得多么模糊不清。斯多葛学派追寻的，不是减少负面情绪，而是看清世界真实的模样，培养美德，理智地生活，并超然于世外。

如果你下定决心，从这一页开始，便已然踏上了自我管理之路。行路时，我建议你依照书中给出的指引前行。不过，有时迷路，去探索未知也未尝不可。人们常说，迷路后才能找到路，这在自我认知的道路上尤其如此。自我认知这条路上没有任何地图，只有待发现的领域。没有人拥有自我认知的完美配方，只有一些基本的方法准则。

任何一条路都需要一步一步走，自我认知之路也不例外。我记得在圣雅各朝圣之路上，最常听到的一句话是“长路漫漫，一步一脚印”。情绪理解的道路，或许是我们走得最长的一条道路。想到这一点，我们需要抑制想要在一朝一夕之间就学会情绪管理的渴望。犯错是人之常情，但我们应该像马可·奥勒留每次犯错时提醒自己的那样，“重整旗鼓，再接再厉”。

践行斯多葛哲学就像是做园艺：如果不浇灌、不照料植物，园艺就做不成。园丁每天照料花园，斯多葛哲学的践行者也须定期审视并修正自己的态度和言行。园丁耕耘土地，哲学家则耕耘心灵。园丁耐心等待植物成长，斯多葛学派哲学家则越来越从容地应对逆境。

这本书囊括了我所知道的最好的实践工具，可以帮助大家与情绪和谐相处。希望你不畏困难，勇于实践，学会培养自己的心灵花园；希望当你感到最强烈的情绪占上风时，能从内心汲取力量，找到自我管理的智慧。

塞涅卡说：“哲学在于行动而不在于辞令。”

让我们开始行动吧！

目录

1. 愤怒：
一种短暂的疯狂

一些智者将愤怒定义为短暂的疯狂，因为愤怒像疯狂一样使人无法自控，错失良机，无情无义，固执己见，对理性的声音充耳不闻。

——《论愤怒》（*De la ira*），塞涅卡，第一卷，第一条

从前，一位年老的智者临河而居。这条河以水流湍急著称，在雨季水流更为湍急。当地的村民害怕河水的威力，在雨季通常会避开这条河。

有一天，一个年轻的村民来到智者面前。他因无法控制自己的脾气而感到沮丧，于是寻求建议。智者看着河水，对他说：“看看这条河，它就像愤怒；当河水泛滥时，会冲走一切，当河水平静时，就是生命源泉、安身之本。”

年轻人困惑地问，如何才能让自己的情绪像平静的河水，而不是汹涌的激流。智者回答：“观察这条河，它不会与自己对抗，只是顺其自然地流淌。当你面对愤怒时，不要与它对抗，也不要助长它。只须观察它如何产生，又如何消散，就像水流由急变缓。”

愤怒是一种短暂的疯狂——这是塞涅卡笔下智者们的定义。尽管我做了很多研究，但始终没有找到比这更精准的注解。

虽然莎士比亚也曾犀利地写道，“愤怒是一种毒药，你自己喝下，却妄想毒死他人”，但我仍偏爱塞涅卡的洞见。因为不得不承认，自己短暂失控发疯的时刻远比期望的多得多。我们都曾感受过：一股不知从何窜起的无名火，在体内横冲直撞；一阵突如其来的暴怒，让我们一时表现出最糟糕的一面。而几分钟后，我们又会自问，方才怎会蠢到放任自己至此？

愤怒时，我们会做出糟糕的决定，伤害我们自己，错失良机，破坏珍视的关系。最强大的帝国（如罗马）从内部崩溃走向倾覆，同样地，愤怒也是从伤害我们自身开始，然后再波及我们周围的人。

想想看，有多少次我们在生气后冷静下来，才发现让自己生气的理由其实并没有那么严重，而是我们反应过度了？我们中有多少人在愤怒了几个小时后，很快发现自己是为一些无关紧要的事而生气？或者，我们怎会从未意识到，侮辱我们的人之所以这样做是因为他们自己正在承受痛苦？

当我在各种静修活动和培训课程中与人交流时，很多人都会问我：为什么大家似乎都这么容易动怒？为什么人们会因为一点小事就暴跳如雷？为什么我们的神经如此敏感，对所有事都这么容易心烦？说实话，我不知道该怎么回答。我不确定这是不是因为新闻报道总在刻意渲染灾难性画面，或是社交媒体上有人持续制造对立，又或是我们生活在这样一个奖励压力最大者的社会。

但我知道，愤怒绝不是个新问题。纵观历史，愤怒，这种短暂的疯狂，始终是人类最严重错误的根源。塞涅卡说：“没有任何灾祸比这给人类带来的伤害更大。”而且，与愤怒相比，几乎没有任何一种情绪（甚至可以说完全没有）能每天给我们自身造成更多伤害了。

当一个人愤怒时，往往没有逻辑和理智，会无视任何阻碍他的建议。愤怒不分善恶，会爆发并摧毁周围的一切。愤怒在可能萌生爱的地方播散仇恨，在可能产生宽恕的地方滋长怨恨，在可能产生团结的地方制造分离。

要想改变现状，不妨先问问自己：谁愿意有意识地活在愤怒中？答案很可能是没有人，或者几乎没有人。那么，第二个问题是：为什么我们还要这样做？为什么我们要生活在愤怒、压力和焦虑中？

在这一章中，我将提供大量有用的信息，不仅能帮助我们更好地理解愤怒是如何产生的，还能帮助我们了解如何及时制止愤怒。为了学会管理愤怒这种短暂的疯狂，我将把古代智慧与现代心理学联系起来。斯多葛哲学，尤其是塞涅卡的思想，为我们能够更加平静地生活提供了许多工具，而这些工具如今已被科学证实。

> 让我们摆脱愤怒的恶习；让我们净化自己的心灵，将这个恶习连根拔起。因为只要留下一丝痕迹，无论多么微弱，愤怒就会重新生长。不要试图平息愤怒，要彻底消除它。因为当我们与恶斗争时，还能有什么好脾气呢？只要我们努力，我们就有能力消除愤怒。
>
> ——《论愤怒》，塞涅卡，第三卷，第四十二条

当愤怒时会发生什么？

要理解如何管理愤怒，首先需要了解我们的身体会有什么

反应，引起愤怒的原因是什么，我们应该注意哪些初始信号以及时制止愤怒爆发。我们也需要知道，愤怒最初的不自觉冲动是一个自然的、符合人性的过程，我们无法凭自己的意志消除。我们无法把其从大脑中移除，然后再也不感到生气了。

> 所有不依赖于我们意志的感觉都无法克服、不可避免，例如冷水洒在身上会引起颤抖，对一些人来说，身体触碰也会引起颤抖；当收到坏消息时，会感到毛骨悚然；当听到污言秽语时，脸会涨得通红；当从悬崖向下看时，会感到头晕目眩。
>
> ——《论愤怒》，塞涅卡，第二卷，第二条

正如塞涅卡所说，愤怒自然地产生，愤怒的最初阶段我们无法避免。愤怒的最初阶段是一种情绪反应，就像其他情绪一样，可以向我们提供外界信息，引起战斗或逃跑反应[①]（通常引起战斗反应，所以反应是暴力的），帮助我们在察觉到的危险中幸存下来。愤怒曾经帮助我们的祖先生存，但到今天，当我们感到生死攸关而实际情况并没有那么危急时，我们仍会愤怒。愤怒虽源于一种保护本能，但在现代社会中，愤怒弊大于利。

当愤怒涌现时，周围的人会对我们的反应感到恐惧[②]，如果愤怒处理不当，我们的身体也会发生生理上的变化。愤怒和攻

---

① 战斗或逃跑反应是指生物体在感知到危险或威胁时，为了应对潜在的伤害而自动启动的一种本能反应，使机体做好战斗以抵御威胁或逃离危险情境的准备。（译者注）

② Averill, J. (1982). *Anger and aggression: An essay on emotion*. Springer-Verlag.

击性是增加心血管疾病发生风险的重要因素。当我们感到愤怒时，会导致心率加快、血压骤增。根据研究，如果经常有愤怒和攻击性情绪，身体的新陈代谢会发生变化，血液中儿茶酚胺（肾上腺素、去甲肾上腺素和多巴胺）的分泌量会发生改变，儿茶酚胺会附着在动脉血管壁上，阻碍血液流动，最终可能导致心脏病发作[①]。没错，愤怒可能会引发心脏病。

由此可知，愤怒过度的后果远不限于关系破裂、一时气恼或事后懊悔——它真的会要了我们的命。

为了管理愤怒，我们应该注意什么？

第一步是识别愤怒的原因。说是第一步也有些矛盾，因为只有我们先感觉到愤怒，然后才能分析其原因。正如我在《屹立不倒》（*Plataforma Editorial*，2022）一书中写到，要培养勇气这种美德，必须先感受到恐惧。同样，管理愤怒的第一步，是弄清它的诱因，反思，并尝试未雨绸缪，避免重蹈覆辙。

虽然愤怒看似出现在生死攸关的场景，实际上生活中的琐事会更加频繁地引起愤怒。比如交通堵塞，某个同事、老板或朋友给出的不合人心意的回应，家庭聚会中的一句话，新闻报道中的一则消息，咖啡馆里让人大失所望的服务，或者令人不悦的背景噪音。任何“微不足道”的事情都可能激起我们内心的愤怒，而且这是非常个人化的，每个人愤怒的原因不同，程度也不同。每个人都应该诚实并谦虚地识别通常是什么引发了自己愤怒。

① Mercado Corona, D. (2012). *Boletín UNAM-DGCS-218*.

> 我们不应该因为微不足道的琐事而愤怒。仆人笨拙，水是温凉的，床不舒服，菜品马马虎虎：为这些生气是疯狂的，像生病或体弱的人一样，甚至最轻微的风吹过都会瑟瑟发抖。
>
> ——《论愤怒》，塞涅卡，第二卷，第二十五条

一旦弄清楚是什么让我们愤怒，就需要注意情绪爆发时的想法，因为情绪和想法密切相关。

同样的情况，同样的事情，不同的人可能会有完全不同的感知、理解和思考。个人经历、信仰、经验、教育、环境和背景都决定性地影响了我们感知和解读外部事物的方式。然后，对外部事物的解读决定我们的感受，解读和感受又决定我们的行为。反过来，我们的行为又会影响我们之后的思考和感受。如此循环往复，如同一条咬住自己尾巴的鱼。

通晓人性的哲学家塞涅卡常常让卢基利乌斯（Lucilio）注意观察“当一个人不再为愤怒添柴加火时，愤怒自会烟消云散”。若果真如此，那么可以说，只有一连串的负面想法才会引发愤怒。如果我们不阻止这些“令人愤怒”的想法，任何事情都能轻易地燃起人的怒火。

塞涅卡也准确地提醒卢基利乌斯：“对一人如鞭笞般刺痛的事，对另一人或许如爱抚般轻柔。”对某些人来说，可能是不可原谅的冒犯，而对另一些人来说，可能只是无关紧要的话语。正如前文所言，对于某一场景的感知和解读取决于许多因素，也与个人应对情境的工具息息相关。而斯多葛主义，正好提供了一套保持冷静的有效工具。

我喜欢将心灵想象成一个花园，我们用思想来滋养或摧毁

它。播下什么种子、浇灌多少水，决定了花园是繁茂还是凋零。对我而言，种子是思想，浇灌的水是我们的行动。无论我们种多少种子，之后都需要适时浇水，才能让植物开花成长。

换句话说，早晨醒来，照着镜子重复十次“我们是冷静的人”，在实际行动中却不试图保持冷静，而是被愤怒牵着走，那样的话早上重复再多次也都是无用功。以我的经验来看，如果我们种下种子并经常浇水，如果我们用实践印证所言，如果我们写下真言，不断重复，将其烂熟于心，改变思维方式，同时付诸行动，我们就能进步得更快、更好。

好消息是，我们可以选择要播种的种子。我们可以选择播种平静、冷静、力量、责任的种子，也可以选择播种冷漠、懦弱、受害者心态、愤怒的种子

无论如何，正如我上文所说，一旦我们播下了精心挑选的种子，要想让种子开花，必须通过日常的行动和习惯来浇灌它们，光靠种子本身是无法开花的。这里还需要强调的是，我们需要用水浇灌种子，而不是用汽油。如果我们种下了自律的种子，就必须用自律的行动来浇灌它们，而不是放任懒惰、敷衍和气馁。

同时，还要拔掉杂草，并警惕它们会定期长出来。负面思想会再次出现，但只要我们努力培养想要发展的思想和行动，负面思想出现的频率就会越来越低，强度也越来越弱。我们有能力在杂草污染花园之前将其拔除，而且只要我们愿意，我们也能不断播下更多斯多葛哲学思想的种子。打理花园是一个持续的、有意识的工作，而我们做的每个选择，都会提高或降低创造一个更宁静或更愤怒的内心花园的可能性。

我想表达的观点是，对外界事件的解读，将决定我们的行为，进而使我们面对的情境向更好或更糟的方向发展。

在进入本章的下一个部分之前，不妨做一个简单的练习。这个练习可以在任何地方轻松完成，帮助我们觉察愤怒。只需要关注自己，并随手准备一张便条。

★实践练习：察觉愤怒的早期信号

试着随身带一个笔记本（最好是实体的，但手机上的“备忘录”应用程序也可以）。尝试每天至少抓住一次感到愤怒开始涌现的时刻，写下刚刚发生了什么让你感到愤怒。发生了什么？愤怒的原因是一个人、一种情况，还是一句特定的话？还是想起来最近发生的事？你会对外界刺激做出什么解读，或者已经做了什么解读？把这些写下来，以便以后阅读，从而开始察觉你的想法、感受和行为。

每天做一次这个练习就足够了，如果你觉得有必要，也可以多做几次。次数越多越好，你会更快地内化这种觉察能力。最重要的是要学会觉察自己，及时发现什么时候开始被愤怒牵着走。

下面介绍几个实用技巧。这些技巧能帮助我们在容易生气的情境下，管理自己的回应方式，而不是简单地做出反应。

察觉愤怒的早期信号

虽然这一章的重点是愤怒管理，但我接下来要介绍的练习对管理任何情绪都非常有用。深谙人性的哲学家塞涅卡准确地指出，如果想要及时察觉到某种情绪，首先需要关注身体。

西班牙神经科学领域的杰出人物纳萨雷斯·卡斯特利亚诺斯常说："身体知道大脑还未意识到的东西。"如今，随着技术进步，我们可以通过脑部和身体扫描进行研究。然而，在两千年前，塞涅卡仅仅通过观察情绪在自己和他人身上的表现，就得出了同样的结论。

于我而言，很遗憾的是，我们已经（或正在）失去这种精确观察的能力，无法精确地观察我们感受如何，为什么有这样的感受，以及在哪些部位表现我们的感受、情绪和直觉。

古人是观察艺术的大师，这也是为什么我热衷于将古典智慧与现代知识结合起来。

> 看看愤怒的人的姿态吧，你就会相信被愤怒支配的人是没有理智的。因为，就像疯狂有其迹象一样，愤怒的人也会表现出以下这些迹象：表情带有挑衅和威胁的意味、眼神阴沉、面色不善、步伐急促、双手不安、脸色忽变、叹息频繁且剧烈、呼吸急促，上气不接下气……血管膨胀；胸膛因呼吸不畅起起伏伏，爆裂式的怒吼让脖子青筋暴起；接着，关节颤抖，双手不安，整个身体失去平衡。
>
> ——《论愤怒》，塞涅卡，第一卷，第一条

在这段摘录中，我们可以看到塞涅卡如何清晰地察觉到一个人什么时候发怒了。同时，他再次将这种状态与疯狂相比较。这些身体信号与现代研究指出的如出一辙：脉搏加快、血压升高、心跳加速，呼吸变得急促、不规律且紊乱。

毫无疑问，我们很容易在生气的人身上识别出这些信号。我们可以观察到，他们说话声音变得尖锐、激烈，脸涨得通红，

眉头紧皱、牙关紧咬、拳头紧握，甚至可能会拍桌子。有时候，我们难免会觉得，就像塞涅卡说的那样，他们似乎在一瞬间失去了理智。面对如此激烈的举止，我们甚至可能会想："发怒的人难道没意识到自己这样看起来很可笑吗？"

现在，想想你自己生气的时候。你觉得别人看待发怒的你，会和你看待别人发怒时不一样吗？你认为他们不会觉得你很可笑吗？你觉得他们不会暗自思忖：这个人是不是快要疯了？其实，你看到他们发怒的时候怎么想，他们面对你发怒时同样也会这么想。我们总是认为别人不会这样看待我们，我们总觉得他们是在夸大其词。我们总是一如既往地觉得自己是个例外。

> 血液突然在心脏周围沸腾，愤怒产生于胸膛；之所以认为愤怒在这个部位产生，正是因为心脏是全身最热的地方。①
>
> ——《论愤怒》，塞涅卡，第二卷，第十九条

塞涅卡再次准确地指出，愤怒始于胸膛。一项非常著名的研究②，通过让受试者在接受特定情绪刺激时，在身体轮廓图上用颜色标记感到活动增强或减弱的身体区域，绘制出身体感觉地图，探究了当受试者产生特定情绪时，身体的哪些部位会

① 塞涅卡在《论愤怒》第二卷 18 ～ 19 条提到了热和愤怒的关系：构成人体的有火、水、气、土四种元素，分别对应热、湿、冷、干四种特性。占比多的元素决定人的性格。火活跃且固执，所以火元素多的人易怒。（译者注）

② Nummenmaa, L., et al. (2013). Bodily maps of emotions. Proceedings of the National Academy of Sciences (PNAS). DOI: 10.1073/pnas.1321664111.

被激活以及激活的强度。人在愤怒的情况下，身体最活跃的区域是胸部及其周围，还有拳头、脖子和头部。我再次引用塞涅卡的话："表情带有挑衅和威胁的意味、眼神阴沉、面色不善……"

这难道不令人惊叹吗？两千年前，塞涅卡仅凭观察就能察觉到愤怒的信号及其表现的身体部位。那么，培养这种观察能力对我们管理情绪会有怎样的帮助呢？

要开始练习这种观察能力，我们首先需要了解愤怒发展的不同阶段，而塞涅卡（再次）以极其详细的描述为我们揭示了这一点。

愤怒产生的三个阶段

> 关于激情是如何产生、增长和发展的，我会说：
>
> 第一阶段是不自觉的冲动，像是激情的预备阶段，是一种推动力。
>
> 第二阶段有个人意志的参与，容易纠正。个人意志的体现有：我认为我被冒犯了，我需要复仇，或者某人犯了罪，应受惩罚。
>
> 第三阶段则是完全失控的，渴望报复，没有理性可言。我们无法通过理性来避免心灵的第一反应，就像我们无法避免身体的第一反应一样——看到别人打哈欠时自己也会打哈欠，或者当有人突然把手伸到我们眼前时我们会闭上眼睛。这些反应是理性无法阻止的；但也许通过习惯养成和持续关注，我们可以减轻不自觉反应的影响。而第二阶段源于反思，

也可以通过反思来控制。

——《论愤怒》，塞涅卡，第二卷，第四条

塞涅卡不仅准确地观察到了愤怒的信号及其表现的身体部位，还非常贴心地将愤怒的产生和发展分为三个清晰的阶段，为我们实践提供了很大便利。

塞涅卡告诉我们，第一阶段是不自觉的冲动，这与我们今天所知道的一致。我总是喜欢强调：情绪（如愤怒）无意识地出现，人的意志无法控制。我们无法阻止情绪出现，但可以努力不被情绪牵着走。具体到本章，就是不让愤怒主导我们的行动。

在第一阶段，我们可以关注愤怒在身体上的表现。正如我们所知，愤怒首先表现在胸部、手臂、脖子和头部附近。我想再次强调，通过持续、耐心和温和的练习，学会关注情绪在身体上的表现至关重要。

第二阶段的关键在于内心的对话，也就是我们对所发生事情的解读以及自己同自己的对话——希腊人称之为“*dianoia*”（思维）。在这个阶段，我们可以平息情绪的波动。在愤怒完全爆发之前，身体先有感觉。若不加以注意，这种感觉就会转化为愤怒。塞涅卡指出，正是在第二阶段，我们可以运用理性和意志来让自己冷静下来。所以，一定要利用好第二阶段，否则情绪会完全爆发，扭曲我们看待世界的方式。

怎么才能利用好第二阶段呢？我们稍后会学习一些具体技巧，但这里先透露一点：关注我们的想法，深呼吸，识别表现在身体上的情绪，尝试和自己对话或重复一些能让我们冷静、改变内心对话的真言，同时动作放慢、放缓。

一旦进入第三阶段，在情绪的支配下，我们会暴跳如雷，可能会大喊大叫、拍桌子，甚至做出让自己后悔的事情。所以，最好尽全力避免愤怒达到第三阶段。

正如塞涅卡在文中提到的，“也许通过习惯养成和持续自我观察，我们可以减轻不自觉反应的影响”。这句话深刻地指出，养成管理愤怒的习惯，并持续地关注自己以察觉愤怒的早期信号至关重要。再强调一次，培养观察习惯很重要。

哪些具体技巧可以帮助我们更好地管理愤怒？

> 在刺激和反应之间，有时间差。在这段时间里，我们可以选择如何回应。我们的回应决定了我们的自由和个人成长。
>
> ——维克多·弗兰克尔（Viktor Frankl）

到目前为止，我们已经知道了愤怒是如何形成的、为什么学会管理愤怒很重要、应该关注哪些身体信号，以及愤怒分为哪些阶段。接下来，我将讨论我认为本章最重要的内容：如何应对愤怒。

我会介绍一些具体的技巧。正如我常说的，我鼓励读者去实践，并选择对自己最有效的方法。有一些通用的原则可以遵循，但没有一种适用于所有人的万能配方，需要个人的尝试和选择。

★第一个实践练习：照镜子

> 有些人在愤怒时照镜子，并有所收获：看到自己的变化，他们感到害怕，知道自己看到的不是幻象，却又认不出镜中的自己。然而，镜子里的影像远未反映出愤怒引起的扭曲！如果精神肉眼可见，并可在任何表面上显现出来，我们会惊恐地发现，愤怒时的精神苍白、斑驳、污浊、不安、肿胀。愤怒时精神的丑陋穿透血肉和骨头浮现在我们眼前，可如果这般丑态可以赤裸裸地展现出来，该是什么样的？“你认为没有人会照照镜子就怒气消散了吗”怎么会没有呢？对于一些生气的人来说，照镜子很有用。他们发现自己发生了巨大的变化，惊慌不已。那些为了改变而去照镜子的人，其实已经改变了。
>
> ——《论愤怒》，塞涅卡，第二卷，第三十六条

塞涅卡在这里提出了一种平常但非常有效的技巧：照镜子。这是为什么呢？不妨回想一下上文，我们往往能轻易地从他人的面部表情判断出其是否生气，却总误以为自己生气时面不改色。实际上，我们和其他人并无不同，生气时同样会表情扭曲。通过照镜子，看到自己眉头皱起、牙关咬紧，我们就能意识到愤怒正在掌控我们。

当我们察觉到心中的怒火开始冒头，并清醒地想到照镜子时（通过练习，做到这一点会变得越来越容易），就会出现塞涅卡所说的情景：被自己的表情吓到。

我知道我们并不总是随身带着镜子，这个练习可能看起来

难以实践。其实，我们通常都会随身携带一个可以呈现我们面部的设备。只需要抽离一会儿，拿出手机，打开前置摄像头，看看自己。我们的表情是什么样的？是开心的还是生气的？我们是皱着眉头还是咬紧牙关？接下来，我们应该采取什么行动呢？

让我们继续阅读塞涅卡的建议。

★第二个实践练习：刻意放慢动作

> 让我们反向调整愤怒的信号：放松表情，让声音更柔和、步伐更缓慢；渐渐地，内心会随着外在表现而改变。如果苏格拉底降低音量，说话简短，就意味着他生气了。
>
> ——《论愤怒》，塞涅卡，第三篇，第十三条

由前文可知，塞涅卡总结了愤怒的早期信号：面色紧绷、眉头紧锁、表情不善、步伐急促、呼吸紊乱和语调尖厉。在上段摘录中，他解释了如何应对这些早期信号：做完全相反的事情。

如果我们的脸色紧绷，就一点点放松；如果我们的动作快而粗暴，就强迫自己放慢动作，谨慎行动；如果呼吸急促，就放慢呼吸，深呼吸；如果说话声音很大，就降低音量……塞涅卡特别提到，苏格拉底（Sócrates）就是这样管理自己的情绪的。他的朋友们知道，当这位智者低声说话且言辞简短时，就说明他在生气。

这些技巧非常有效。我多次在生活中验证过，照镜子和刻意放慢动作能帮助我冷静下来，几乎可以把我的怒气值降到零。

我建议读者读到这儿时，停下来做以下练习：

坐下来，闭上眼睛，进行十次“方形呼吸”或“盒式呼吸”。具体方法是：吸气4秒，屏息4秒，呼气4秒，再屏息4秒。所以，这种呼吸方式称为“方形”或“盒式”呼吸：4–4–4–4。

现在感觉如何？是不是感觉更加放松了？

如果我们在愤怒之前或愤怒时进行这种呼吸，或者进行任何呼气比吸气更长的呼吸（比如吸气3秒，呼气6秒；或吸气4秒，呼气8秒），就会激活我们的副交感神经系统[①]，我们就会进入一种更平静的状态。

★第三个实践练习：重复真言

> 要消除心中的虚妄印象，方法是不断提醒自己：我有能力使灵魂远离一切邪恶、欲望和纷扰；我能洞察事物的本质，我将依循其价值，物尽其用。永远铭记自然赋予我的这份力量。
>
> ——马可·奥勒留，《沉思录》（*Meditaciones*）[②]，
> 第八卷，第二十九条

“*mantra*”（真言）一词源自古印度的梵语，其中“*man-*”意为“心智”“*-tra*”意为“工具”，其字面意思即“心灵的工具”。

① 人体在正常情况下，功能相反的交感和副交感神经处于相互平衡制约状态。当机体处于紧张活动状态时，交感神经活动起着主要作用；而副交感神经有使心跳减慢和心肌收缩力降低等功能。（译者注）

②《沉思录》是马可·奥勒留用希腊语为自己所写的反省笔记。（译者注）

在某些冥想方式中，人们会选择一个真言，并反复念诵，以安定心神。这样可以免受不想要的想法和情绪干扰，从而专注于想要内化的信息。

为了更好地管理情绪，尤其是愤怒，另一个重要的练习是创建自己的真言手册。在需要的时候可以反复念诵，以帮助自己平静下来，这也正是斯多葛派哲学所倡导的做法。马可·奥勒留提醒自己，真言应简短而直接，以便快速恢复内心的平静。

> 要点应简明扼要，一旦找到后，足以帮助你回归内心深处，消散你的怒气，让你重新投入事情当中。
>
> ——《沉思录》，马可·奥勒留，第四卷，第三条

我想象马可·奥勒留在一天的繁忙事务中，面对帝国的挑战和个人的困境，他会抽出片刻，独自一人，闭上眼睛，默念真言，让自己回归内在的和谐。或者，他会把真言写进《沉思录》中。

如何选择真言？只要能够帮助我们平复情绪、恢复冷静的都可以。我建议大家在搜索引擎中查找类似“让自己冷静下来的句子”或“平复情绪的句子”或者根据风格检索。每个人都应该找到适合自己的真言。因为每个人都是独特的，对某些人有效的真言，可能对另一些人无效。不过，我愿意分享一些对我个人有效的真言：

“我有能力让自己冷静下来。慢慢呼吸。”

“智慧、勇敢、正义、自制。”

"我无法控制发生的事，但我能控制自己的反应。"

"生气无济于事。"

"我选择平静地回应。"

"这一切终将过去。"

> 智慧的箴言可以驱散愤怒。因为愤怒是灵魂自主选择的恶习，而非根植于人性。而根植于人性的本能反应，连最睿智的人也会经历。
>
> ——《论愤怒》，塞涅卡，第二卷，第二条

为了配合其他练习，可以照着镜子重复真言，同时放缓动作深呼吸。结合这些方法并持续地练习，能够极大地帮助我们更好地应对复杂情境。

★第四个实践练习：早晨准备

> 黎明时分，做以下预备思考：我将遇到一个不知分寸的人，一个忘恩负义的人，一个傲慢无礼的人，一个满嘴谎言的人，一个善妒的人，一个孤僻的人。他们成为这样的人，是因为他们不知道什么是善、什么是恶。但我发现善的本质是美好，恶的本质是可耻，而罪人本身的本性与我的本性相似，并不是因为我们同根同源，而是因为我们有相似的智慧和神性，我不会受到他们的伤害。
>
> ——《沉思录》，马可·奥勒留，第二卷，第一条

读《沉思录》时很容易注意到，马可·奥勒留对于人际交往流露出一种独特态度。他不断提醒自己，世界上有很多人会

让我们的生活变得艰难，阻碍我们实现目标，甚至给我们带来伤害。与此同时，他也提醒自己不要去评判他们，要以正义和善良相待。因为这些人的言行举止并非出于恶意，而是不辨善恶。

尽管我觉得马可·奥勒留在这段话中有一丝丝傲慢，但如果我们考虑到他的哲学修养，就可以理解他对伦理美德的认知远高于大多数同胞。尽管如此，他可能还是无法忍受遇到的很多人。因此，他需要在内心深处为这些相遇做准备，以保持平和应对。我们也可以做到这一点。

本练习的目的是让我们早晨做好应对愤怒的准备。预想一下，在面对容易激怒我们的情况或人时，自己该说什么，该做什么。具体步骤如下：

1. 在纸上画三列。
2. 在左边一列写下今天可能遇到的困境。虽然我们不是预言家，但通常可以预见某个场景，或者我们已知某个安排好的活动有些棘手，例如：交通堵塞、要和一个不喜欢的人共进午餐，或者要参加一场复杂的工作会议。
3. 在中间一列写下我们将如何平息愤怒，或者在这种情况下我们会对自己重复什么真言（我们接下来会看一个具体例子）。
4. 在右边一列写下，在每种情况中，我们将努力表现出怎样的行为。

完整的练习如下所示（可以填写表格，并实践起来）：

情景	过程 / 真言	行为
上班路上堵车	我会照镜子，深呼吸，并反复提醒自己堵车是我无法控制的。	我会以平静、智慧和冷静的态度回应，并放慢动作。
与上级进行绩效会议	会议前我会去洗手间，照镜子并深呼吸。我会提醒自己可以保持冷静，并想象爱比克泰德（Epictetus）[①] 在观察我。	我会专注于对话，坚定地不被愤怒左右。我会深呼吸并放慢语速。
与同事一起吃饭	吃饭前我会去洗手间，做十次深呼吸。我会想象我们通常在饭桌上讨论的话题。并提醒自己不要被他人的观点影响，我无法控制他人的言行	吃饭时我会专注于呼吸。并反复提醒自己，如果我能控制自己的言行，不被言论激怒，我会更加为自己的行为而自豪。

（原文 p47）此外，如果有时间和心情，还可以做一个小小的想象练习：想象自己置身于具体的情境中，并以我们预设的行为方式回应。这个额外的练习，会在关键时刻帮助我们更轻松地做出平静的反应。

★第五个实践练习：延缓

时间是化解愤怒最好的解药，平息愤怒的火苗，让蒙蔽心智的迷雾变淡、散去。

——《论愤怒》，塞涅卡，第二卷，第二十九条

到目前为止，我们探讨的所有策略，最终都是为了一个目标：延缓反应时间。

① 斯多葛派哲学的重要代表人物之一，爱氏以寻求个人的心灵自由、安宁为宗旨，主张回归内在的心灵生活。（译者注）

如果我们立即对挑衅或外界刺激做出反应，让愤怒瞬间爆发，我们就输了。相反，如果我们事先做好准备，选择抽离一会儿，深呼吸或放缓动作，就能为自己延缓反应时间。这样，我们就能够选择合适的回应方式，甚至在某些情况下选择不回应。

延缓反应时间，为我在社交媒体上应对恶意评论提供了很多帮助。我已经多次验证了塞涅卡的智慧：当我冲动回应时，总是后悔；而当我能控制自己，给自己一些时间再回应时，我的回应往往更加温和、富有同情心。这让我更加自豪，也增强了我的自尊心，改善了自我意象。

当然，我能做到这一点，是因为社交媒体给予了我思考的时间。而在面对面交流中，这要困难得多。因此，我们之前提到的，为可能出现的情景做准备至关重要。那么，在现实中，我们该如何延缓反应时间呢？

我认为，最有效的方法是结合上文提到的练习。愤怒一出现，我们就去控制它（这需要大量的练习和反思），进行深呼吸，情绪反应会逐渐减弱，更加理性的思维便会发挥作用。请记住，愤怒是一种疯狂情绪，但它是暂时的。因此，如果我们能延缓反应时间，最终就能战胜愤怒。

只有努力延缓反应时间，理性才能最终战胜情绪。这是在无法抽身离开的情况下，我们应该努力追求的目标。

★第六个实践练习：验证你的进步

> 如果你不想成为一个易怒的人，那就不要养成这种习惯，不要助长它。一开始要冷静，算算你多少天没有生气了。我曾经每天都生气，后来每隔两天一次，再后来每隔三四天一

次；如果你连续三十天没有生气，那向众神表示感谢吧。

——《论说集》(*Disertaciones*)，爱比克泰德，第二册，第 18 章[①]

最后一个管理愤怒的练习来自爱比克泰德，这也是认知行为疗法中推荐的一种实践：记录我们愤怒的次数。

正如我之前提到的，只有察觉到自己何时开始愤怒，才能及时采取措施。记录愤怒的次数还能帮助我们验证自己是否在进步，哪些地方做得好，哪些地方需要改进。

要进行这个练习，我们只需要随身带一张纸或笔记本。每次意识到心中的怒火开始冒头，就画一个叉（×）或一条线（|），然后继续运用我在本章中提出的愤怒管理技巧。

一开始，我们可能会发现自己生气的次数比想象中多。随着时间的推移、不断练习以及关注内心，我们会看到自己的进步：生气的次数变少了，持续的时间也缩短了。

在本章中，我们探讨了以下内容：

- 愤怒是一种短暂的疯狂情绪。
- 愤怒时，我们的身体会发生什么变化。
- 愤怒的初期信号有哪些，我们应该注意些什么。
- 愤怒的不同阶段，以及在每个阶段我们应该关注的重点。
- 管理愤怒的技巧：照镜子、刻意放慢动作、重复真言、早晨准备、延缓……

① 爱比克泰德的《论说集》由其一系列非正式演讲辑录而成，由其学生阿里安所写。（译者注）

2. 恐惧：忠诚的伙伴

> 不要认为，如果某件事对你来说困难且痛苦，就意味着人类无法做到；相反，如果某件事对人类来说是可能的、自然的，那么请相信，也是你力所能及的。
>
> ——《沉思录》，马可·奥勒留，第六卷，第十九条

在古希腊，有一名年轻的士兵，名叫阿莱修（Aletheo）。他剑术精湛，心中却藏着一种难以启齿的恐惧——惧怕战斗。他并非害怕战斗过程本身，而是担心自己会让同伴以及雅典城邦的百姓失望。

有一天，波斯军队大兵压境，威胁着雅典城。所有士兵，包括阿莱修，都应召保卫家园。战斗前夜，阿莱修惴惴不安，辗转难眠。就在这时，雅典娜女神现身在他面前，对他说道："你的恐惧，恰恰让你明白什么对你而言至关重要。你并非为自己而战，而是为了你的城邦，为了你所深爱的人。不要抗拒恐惧，而是要借助它来坚定你的决心。"

受到雅典娜的启发，阿莱修振奋精神，与同伴们一起奔赴战场。他的恐惧并未消失，此刻他把恐惧当作了自己肩负的责任，以及对城邦深深的热爱。他奋勇作战，不仅是为了勇气而战，更是为了实现守护城邦这一伟大目标。

战争持续了数周，雅典最终取得了胜利。年轻的阿莱修被

誉为英雄，不仅因为他的战斗技能高超，还因为他能够在战场上激励和领导他人。就这样，恐惧成了他的向导。

恐惧一直陪伴着我们。事实上，自人类存在的那一刻起，它便与我们相伴相生。恐惧是人类一种极为自然的情绪，就像呼吸一样，是我们生命体验的固有部分。尽管人们常常将恐惧视为负面情绪，但不可否认，正是恐惧，在漫长的岁月里，帮助人类一次次化险为夷，让我们的物种得以存续至今。可以说，人类能够存活繁衍，恐惧功不可没。

我们每个人都曾感到过恐惧：进行一场艰难的谈话时，被迫面临重大改变之际，或是在黑暗中听到莫名其妙的声响时。就我个人而言，我所经历过最强烈的恐惧，发生在我女儿出生时。

我记得，起初一切进展顺利。我的妻子伊莎贝尔在产房尝试顺产，然而两个小时过去了，她已筋疲力尽。助产士的脸上渐渐浮现出担忧之色。我们的女儿迟迟未能降生，情况比预想的棘手得多。我竭尽全力给予支持，可在那种情形下，能做的实在有限，一种深深的无力感笼罩着我。突然，产房里拥入了大批医护人员：妇产科医生、护士、助产士…… 眨眼间，原本只有我们三人的房间，一下子变成了八个人。

“不能再等了，必须马上进行手术。”一位妇产科医生果断说道。

就在那一刻，一股寒意从我的脊背径直蹿过，那种感觉让我终生难忘。我浑身瞬间起满了鸡皮疙瘩，胃部一阵剧痛，整个人像是被定住了一般，动弹不得。“到底怎么了？”我颤抖着声音，结结巴巴地问道。

没有人回答我，她们显然在全力确保母女平安。最终，在医护人员、我妻子和女儿的共同努力下，一切都顺利结束了。那股恐惧的感觉，却深深地刻在了我的记忆里，从未消散。恐惧究竟从何而来？又为何如此难以控制？随着时间的推移，我渐渐找到了答案：因为我是人类，无论愿不愿意，恐惧都是我生活的一部分。同样，也构成了此刻正在阅读这本书的你的生活。

然而，并非所有的恐惧都是相同的。在真正危及生命的情况下产生恐惧，实属正常。想象一下，当你在森林中漫步，冷不丁遭遇一头气势汹汹的棕熊，不管你愿不愿意，恐慌感都会瞬间袭来。但在现代社会里，许多恐惧若静下心来分析，并不会直接威胁到我们的生命，却严重影响了我们的生活。

斯多葛学派的哲学家们是内心宁静的大师和引导者，他们鼓励我们审视内心的恐惧，并与之展开对话。斯多葛哲人们向我们揭示，恐惧如同痛苦或悲伤，不过是一种心灵能够观察、剖析，最终加以驯服的感受。当然，我想补充的是：做到这一点需要付出大量努力，还得具备足够的耐心与勇气。

如果经常与恐惧对话并直面它们，我们会发现，恐惧不是学生，而是老师。我们会看到，恐惧在本质上，其实是预先设想了尚未发生，甚至可能永远都不会发生的糟糕事情。

在大多数情况下，恐惧只是一种心理建构。诚然，有些恐惧看起来逻辑严密、理由充分，这点我们必须予以承认。有些恐惧看起来完全合理……一旦我们鼓起勇气直面它们，就会发现并非如此。塞涅卡曾言：“相较于现实中所经历的痛苦，我们在想象中承受的煎熬往往更为频繁且深切。”唯有果敢地直面恐惧，我们才能洞悉，究竟是现实的残酷，还是想象中的臆测，更能引发内心的惊惶。

在本章中，我们将在斯多葛学派大师的引领下，循序渐进地学习如何应对这些恐惧。我们会掌握将恐惧转化为愉快旅伴的方法。毕竟恐惧会伴随我们一生，所以，最好的办法就是学会与它和谐共处。

什么是恐惧？

根据西班牙皇家语言学院（RAE）的定义，恐惧是我们面对真实或想象中的危险或伤害时感到的焦虑。正如前文提到的，恐惧是一种由我们的大脑和身体处理的心理建构。恐惧产生于大脑中一个叫作“杏仁核”的区域。“杏仁核”负责处理和调节情绪，并激活交感神经系统，将信息传递到我们的身体，以寻找最佳反应：战斗或逃跑。

正如塞涅卡所言，也正如我们在前一章中所看到的那样，恐惧无意识地产生，不受我们意志的控制。我们无法控制恐惧的第一阶段。如果我们遇到一头狮子，我们会害怕被吃掉；如果我们被解雇，我们会担心未来会发生什么以及如何生活下去。这些恐惧的原因虽然不同，但大脑和身体的处理方式是相似的。尽管当时我们除了战斗或逃跑之外无法做任何事来控制恐惧，但在之后，我们可以借助“更理性的工具”来找到最佳的解决方案。

当面对狮子时，如果我们幸运地爬上了树，就可以思考最佳的逃生路线。在被解雇的情况下，当我们冷静下来后，可以开始制定策略寻找新的工作。无论如何，最初的恐惧感是无法避免的。恐惧不仅是正常的，而且是生存所必需的。

有趣的是，恐惧也是我们后天学会的。从本质上讲，人是动物，和其他动物一样，会通过个人经历习得恐惧。如果一只凶猛的狗攻击了我们，或我们目睹它攻击了其他人，那么下次遇到另一只狗时，我们会感到恐惧。然而，人类还有一种其他动物没有的习得恐惧的方式：通过语言。我们的进化优势之一就是学会了通过符号（如字母或交通标志）进行交流。因此，如果我们看到一个写着“有疯狗出没”的警告标志，那么我们一看到狗出现，就会立刻感到恐惧。同样的道理，如果我们在远足时，护林员告诉我们附近有一只危险的狗出没，让我们务必小心谨慎，我们也会不由自主地感到害怕。

到目前为止，我们讨论的都是被动遭遇恐惧的情形。那么，当我们主动接触让我们害怕的刺激时，比如看恐怖电影或跳伞，会发生什么呢？一项研究①有力地证实了斯多葛学派的观点：自愿暴露于恐惧情境，有助于后续的压力管理。用“自适应性校准模型”（*Adaptive Calibration Model*，ACM）可以证明这一点。根据这个模型，那些令人高度紧张的经历，能够帮助我们塑造未来应对高强度刺激情境的方式。换句话说，主动找些小挑战，可以让我们在未来更有效地管理负面情绪。

接下来，让我们看看，我如何在斯多葛主义的帮助下，自愿地、不知不觉地利用自适应性校准模型，以及这个模型如何帮助我更好地应对今天的恐惧。

① Margee, K., et al. (2019). Voluntary arousing negative experiences (VANE): Why we like to be scared. Emotion,19 (4), 682-698. DOI: 10.1037/emo0000470.

在你临终时，你更愿意想到什么？

> 宁可在无忧无惧中饿死，也不愿在富贵荣华中整日惶恐不安。
>
> ——《手册》（*Manual*），爱比克泰德，第十二章

当我开始进行“斯多葛主义者”（El Estoico）项目时，内心对站在镜头前讲话充满了畏惧。我忧心他人会对我冷嘲热讽，会写信直言我的模样滑稽可笑，还会诟病我对哲学知识一知半解，在解释概念时漏洞百出、毫无严谨性可言。犹记得最初的那几天，我甚至辗转反侧，难以入眠。

我的内心一直备受煎熬，陷入激烈的思想斗争之中。一方面，恐惧如同沉重的枷锁，让我痛苦不堪；另一方面，我又深信自己必须勇敢直面这份恐惧。随着时间流逝，我渐渐明白，当时会感到恐惧，实属正常。身为社会性生物，我们与生俱来便渴望获得他人的认可。正如斯多葛学派所洞悉的那样，我们本能地期望自己归属于某个群体，并在其中得到接纳与尊重。

回溯到一万五千年前，能否归属于一个部落，往往关乎生死存亡。一旦被群体摈弃，我们便极易沦为捕食者的目标，狩猎变得艰难重重，同时也难以抵御恶劣天气的侵袭。简言之，面临死亡的概率会大幅攀升。

时至今日，我们已不再身处那般极端的生存环境。然而，我们原始的大脑未能清晰地分辨出今昔的差异。大脑依旧认定，遭受他人拒绝就意味着死亡风险的增加。所以，我会心生恐惧实属正常，仅仅是因为我期待大家能够接纳我的视频，接纳我这个人，期盼大家不要对我批评指责。

> 你是否曾因恐惧而裹足不前？倘若如此，这其实是个积极的信号。恐惧与自我怀疑一样，如同一个精准的指示器。恐惧会向我们传递关键信息，引导我们知晓该做什么。记住我们的法则：我们越怕做某事，越怕回应内心的召唤，我们就越应该确信，这正是我们必须做的事情。
>
> ——《一生之敌》（*La guerra del arte*），
>
> 史蒂文·普莱斯菲尔德（Steven Pressfield）

我曾将注意力过度聚焦于那些我无力掌控的事情上，倘若爱比克泰德知晓，想必不会为我感到骄傲。那时的我，尚未深刻领悟他的思想精髓。所以我常说，斯多葛主义对我们大有裨益，然而，我们也需要充足的时间去践行并将其理念内化于心。

尽管当时我并没有意识到，实际上我所做的，正是专注于我能够掌控的事情。我开始上传视频、录制播客，勇敢地直面内心的恐惧与不安。在撰写这篇文章之时，我已经录制了 450 集播客、制作了 231 个 YouTube 视频，进行了无数次采访，创作了众多短视频。可以肯定地说，我曾经惧怕的事情并未发生，至少从未当面发生。诚然，我确实有一些几乎每日都会“赞美”我的黑粉，在本书的另一章中，我会详述应对这类情况的方法。

> 我一生中有过成千上万的问题，其中大多数从未真正发生过。
>
> ——马克·吐温

那么，从最初对镜头充满恐惧，到如今能够每日面对，我究竟是如何迈出第一步的呢？答案是通过对死亡的反思。我问自己，当生命即将走到尽头，回首往昔，我会对哪种选择感到更为自豪：是勇敢地直面恐惧，还是任由恐惧束缚自己的手脚？那时我 32 岁，已经对生活中一些因恐惧而做出的选择追悔莫及，这一次，我绝不允许同样的遗憾再度上演。

面对恐惧的勇气

> 我决不能恐惧。恐惧是思维的杀手，是潜伏的小小死神，会彻底毁灭一个人。我要直面它，让它掠过我的心头，穿越我的身心。当这一切过去后，我将睁开心灵深处的眼睛，审视它的轨迹。恐惧如风，风过无痕，唯有我依然屹立。
>
> ——《对抗恐惧的连祷文》，贝尼·杰瑟里特（《沙丘》）[①]

在斯多葛哲学的核心中，爱比克泰德传达了一个关键思想：困扰我们的不是外部事件，而是我们对这些事件的解读。因此，恐惧在本质上，不过是一种内心对话，是我们围绕未知和不确定性编织的故事。问题在于，有些故事听起来非常合理，甚至完全真实。

斯多葛学派哲学家清晰、务实地看待事物，邀请我们将恐惧视为应该理解和管理的自然现象，而不是将其视为敌人。也

① 本段译文引自［美］弗兰克·赫伯特：《沙丘》（2024 全新增补修订版），顾备译，南京：江苏凤凰文艺出版社，微信读书版本位置第 27—28 页。（译者注）

就是说，我们要重新解读恐惧，改变对它的看法。如此一来，我们便会开始把恐惧当作一块垫脚石，而非一道无法跨越的高墙。恐惧其实可以成为一位良师，它能让我们深刻认识自我，助力我们成长，使我们变得更为强大。若要达成这一转变，我们需要深入领会一个关键的词——“*andreia*”。

> 我们缘何会陷入气馁？又为何会坠入绝望之境？他人所能成就之事，我们亦有能力达成。……让我们重塑自身，以具备承受任何形式痛苦的坚毅，进而向命运果敢宣称：你所面对的，是一个勇者，去寻找其他你可以战胜的人吧。
>
> ——《致卢基利乌斯书信集》，塞涅卡，第九十八封，第十四条

正如我在我的第一本书《屹立不倒》中所阐释的那样，“andreia”（即勇气或坚毅）这一美德，是当我们知道必须面对恐惧时，指引我们行动的罗盘。勇气是尽管我们感到恐惧，依然选择前行。勇气是承认内心的恐惧，但拒绝被它主宰。

在此需要着重强调的是，斯多葛派所倡导的勇气并非鲁莽之举，而是经过考量的，而且对自身限度有着清醒的认识。斯多葛式的勇气不会单纯为了冒险而寻求危险，而是会审慎地选择那些必须以冷静和坚定去面对的困境。斯多葛式的勇气，帮助我们追寻心中信念，坦然承受无法改变的际遇，让恐惧和绝望无机可乘，无法将我们击垮。

古希腊智者推崇的勇气，是介于怯懦与鲁莽之间的美德——就像亚里士多德谈到了中庸。他认为，美德处于缺乏和过度这两个极端之间，是一种恰到好处的中间状态。这里的中间状态并非数学意义上的中位数，而是在两个极端之间找到的一种精

妙平衡。以勇气为例，缺乏勇气的极端表现是恐惧，勇气过度的极端表现则是鲁莽，而勇气本身，恰恰是处于恐惧与鲁莽这两个极端之间的那个平衡点。

中庸，是绝佳的内在指引，可以帮助我们判断自身行为，究竟是更趋近于勇气这一高尚德行，还是滑向懦弱或鲁莽这类恶习。那么，该如何遵循中庸之道呢？倘若我们因恐惧或懦弱而始终畏缩不前、从不付诸行动，便已然陷入了懦弱的泥沼；要是我们贸然做出毫无必要的疯狂之举，那就偏向了鲁莽的歧途；而当我们凭借勇气、决心与毅力去直面恐惧，追求美好生活时，这便是在切实践行勇气的美德。

继续以我早期在进行“斯多葛主义者”项目时，对录制视频的恐惧为例。倘若那时我一味懦弱，或许将永远无法直面这份恐惧，最终只能带着对录视频的恐惧抱憾离世。要是当时我行事鲁莽，拍的视频可能会是从悬崖上骑着摩托车纵身跳下，又或是穿着内衣持枪跳舞——这般场景简直荒谬至极。实际上，尽管当时我并未察觉，我所践行的恰恰是中庸之道：录制视频，竭尽全力阐释斯多葛主义，利用手头现有的资源，勇敢地直面内心的恐惧。

现在轮到正在阅读本书的你了。我将留下一些问题，希望能引发你的思考，并最终促使你行动：

你应该面对但尚未面对的恐惧是什么？你对自己说了什么？你给自己找了什么借口？这个恐惧是合理的，还是被你夸大了？如果你面对这个恐惧，最坏的结果会是什么？最好的结果又会是什么？你可以采取的第一个小步骤是什么（无论它多么微小，只要它在你的控制范围内）？

正如爱比克泰德所说，如果这些哲学问题让你感到刺痛，说明你正在治愈自己。

直面恐惧，让自己更强大

> 如果不存在狮子、九头蛇、鹿、野猪，以及邪恶野蛮的人，赫拉克勒斯就不需要去驱逐、消灭他们，那么他会变成什么样？如果这些都不存在，他会做什么？他会不会裹着被子睡大觉呢？
>
> ——《论说集》第一册，爱比克泰德，第六章，第三十二条

在希腊神话中，鲜少有英雄能如赫拉克勒斯这般备受尊崇。斯多葛学派的哲学家们，尤其是爱比克泰德，对英勇无畏的非凡事迹极为钦佩。赫拉克勒斯凭借其十二项功绩闻名于世，其中就包括猎杀尼米亚狮子和击败九头蛇海德拉。

下面的片段摘录自《论说集》，爱比克泰德在此提及了赫拉克勒斯的故事。此段与开篇的引用紧密相连，爱比克泰德剖析了，倘若赫拉克勒斯未曾直面那些挑战，将会是怎样一番情形：

> 首先，倘若赫拉克勒斯一生都在舒适和安逸中昏昏度日，那他决然无法成为如今众人敬仰的赫拉克勒斯；再者，即便他仍是赫拉克勒斯，若没有这些挑战激发他的行动，他那超凡的力量、坚毅的意志和高贵的品格，又有何施展之处呢？那么，他是否该自行设法寻觅一头狮子、一头野猪或一条九头蛇呢？这无疑是幼稚且愚蠢的想法。然而，这些猛兽怪物确实存在，并被发现了。战胜这些猛兽怪物，帮助赫拉克勒斯扬名立万。

所以，你也应该意识到并关注自身的天赋。当你对自己的天赋有了清晰认知后，大声说："宙斯啊，不管有何种挑战，尽管放马过来！我拥有你赋予我的能力，定能借由这些挑战崭露头角。"

爱比克泰德在这段话中强调了我最喜欢的斯多葛思想之一：我们越是面对逆境（如恐惧），就越能培养自己的力量和勇气。我们在自我设定的挑战中表现得越好，未来面对类似挑战时就会越有准备，比如疾病、失去亲人、财务问题等。当我们能够面对自我设定的困难时，我们会发现自己比想象中更强大。

确实，我们不会像赫拉克勒斯那样面对狮子和九头蛇。然而，在某种意义上，我们恐惧的诸多事情，对我们而言，甚至比这些神话中的野兽更可怖。同时，我觉得有必要着重指出，我们并不是要一次性克服所有恐惧。克服恐惧并非一场短跑冲刺，而是一场漫长的马拉松征程。爱比克泰德曾建议他的学生，要循序渐进地实现自我提升。就连赫赫有名的赫拉克勒斯，也是一项接一项地完成他那十二项艰巨任务的。所以，对我们而言，逐步去面对恐惧，不失为一种明智之举。而且，这种方式更具可持续性。当我们试图一次性达成过多目标时，最终往往一事无成。倘若对此有所怀疑，不妨回想一下自己的新年计划清单，是不是常常难以落实。

在克服恐惧以及更好地应对压力、悲伤、焦虑和愤怒等情绪方面，倘若我们采取循序渐进的方式，便更易于长久坚持。斯多葛学派倡导一种极为有效的方法，我每日都在践行。这一方法便是，每天（或者在大多数日子里）主动让自己置身于那些会引发不适的情境中。

以下列举几个对我颇有助益的例子，我每天至少会践行其中一项：洗个短暂的冷水澡；在一张白纸上写作；延长平时冥想的时间；穿着负重背心散步；尽管知道会被拒绝，仍然写信邀请某人参加播客；高强度锻炼；在排除干扰物（有声书或播客）的情况下，专心上下楼梯二十分钟；录制要上传到YouTube或社交媒体的视频。

这个列表无穷无尽，每个人都有责任设计自己的列表。在此，我之所以着重强调这是个人责任，是因为没有人会代我们去完成这些事。没有人会替我们去直面公开演讲的恐惧，或是开启新项目、搬去新城市、更换工作所带来的恐惧。这些都必须由我们亲自去面对。毕竟生命仅有一次，我们都不愿在行将就木时留有遗憾吧，所以理应勇敢地直面内心的恐惧。回想一下爱比克泰德对赫拉克勒斯的思索，倘若我们有勇气持续不断地塑造自身内在的力量与勇气，便无须再去追问自己本可成为何种模样。

最后，我留下几个问题，供大家思考。希望这些问题能让大家有所触动：当下，你能够着手去直面哪些恐惧？倘若选择逃避，中期或长期来看，将会引发怎样的后果？设想一下，明天、下周或者下个月的你，会后悔没有现在就行动吗？

应对恐惧的实践练习

> 我们在什么情况下会感到恐惧？在那些不取决于我们意志的情况下。而在什么情况下我们会表现得勇敢，仿佛没有什么可怕的事情？在那些我们意志可决定的情况下。
>
> ——《论说集》，爱比克泰德，第二册，第一章，第九条

关于恐惧，我们已进行了详尽的探讨。正如马可·奥勒留所说，当下已然到了“不再空谈如何成为一个伟大的男人，而是切实地将自己塑造成一个伟大的男人”的时刻。我补充一句：或成为一个伟大的女人。毕竟马可·奥勒留写作是为了自我省思，他是所处时代的产物。而我写作，则是面向所有人，我是当今时代的产物。

在本章的最后部分，我们将探究如何把此前所学转化为实际行动，即如何直面恐惧。毕竟在大多数情况下，我们所欠缺的并非更多的信息，而是更多果敢的行动与勇气。那么，让我们即刻开始吧。

★第一个实践练习：从已经克服恐惧的人身上获得灵感

应对恐惧的一个有效技巧，便是从那些成功战胜恐惧的人身上汲取灵感。历史上有没有人已经克服了我们当下正在面临的恐惧呢？只要我们稍加探究，就会发现，这样的例子比我们想象的要多。我们可以借助互联网搜索引擎展开查询，也能在社交媒体上向他人请教，或者询问身边的亲朋好友。通过这些途径，我们会发现许多激励我们的例子。

以我为例，正如本章前文所提及的，我曾经非常害怕站在镜头前。然而，在成功克服这一恐惧后，如今的我已经能够在上千名观众面前演讲。那么，我是从谁那里获得了鼓舞自己的力量，又是谁帮助我战胜了公开演讲的恐惧呢？答案是历史上被公认为最伟大的演说家之一——德摩斯梯尼（Demóstenes）。

德摩斯梯尼自出生便饱受口吃困扰，幼年时（据说七岁那年）又不幸沦为孤儿。他虽从父亲那里继承了一笔财产，然而负责管理这笔财产的监护人肆意挥霍，致使他陷入破产的境地。可想而知，德摩斯梯尼的童年过得极为艰难。他体弱多病、家境贫寒，口吃，街区的孩子们因此常常残忍地嘲笑他。他并未因此而气馁，反而发愤图强，一心想要成为最优秀的演说家。为此，他严格地运用了一种我们熟悉的斯多葛主义技巧——在不适中磨砺自己。

普鲁塔克（Plutarco）在他的著作《希腊罗马名人传》（*Vidas paralelas*）中记载，德摩斯梯尼强迫自己含着石头练习演讲；他会跑到田野里，快速朝着坡顶奔跑，直至自己疲惫不堪，以此来提升肺活量，当气喘吁吁时，他就大声背诵散文，在这种极端状态下锻炼自己的发声能力；他将自己关在家里长达数月，对着全身镜反复练习演讲，不断尝试各种手势和姿势，直到自己满意为止；他甚至剃掉一半头发，让自己因羞于见人而不敢出门，从而有更多时间用于练习；他还会在海浪最为汹涌的时候前往海边散步，同时在心里默念他要发表的演讲，借助外界的喧嚣，强化自己的专注力……

这怎能不让人惊叹呢？当我发现这些振奋人心的故事源自古希腊时，心中满是惊喜。这意味着早在那个遥远的时代，古希腊人就懂得通过自我牺牲、不懈努力以及直面不适，去攻克难题、战胜逆境。正如塞涅卡在给卢基利乌斯的第 18 封信的第 5 条中所言："若不想让一个人在实战时心生恐惧，那就得在实战前对其加以训练。"

我虽然没有像德摩斯梯尼那样严苛地训练自己，但他的事迹激励着我不断练习，提升自身的表达能力与公开演讲水平。

现在轮到你了，我留下一些问题，供你思考和行动：在生活的哪些方面，你知道自己可以改进，却因为对未知的恐惧或害怕面对自身极限而没有去做呢？哪些不适可以帮助你进步？你因为害怕结果或批评而回避或拖延了什么事情？谁曾经遇到过和你一样的问题并成功克服了它吗？你可以从哪里开始寻找鼓舞人心的力量呢？你可以向谁请教？

★第二个实践练习：逐步暴露

你还是去吓唬孩子们吧，他们害怕面具，但我知道面具只是黏土做的，里面什么都没有。

——《论说集》，爱比克泰德，第三册，第二十二章，第一百零六条

生活中，面对诸如游泳这类事情，有些人能够毫不犹豫地直接跳入泳池，而有些人不到万不得已不会下水。那么，如何克服自己的恐惧呢？可以采用逐步暴露疗法。逐步暴露疗法是认知行为疗法中常用的一种治疗手段，通过分阶段的暴露训练，帮助个体克服恐惧与焦虑。对我而言，以斯多葛主义所提倡的谨慎和勇气为指引，采用这种逐渐暴露的方法，效果会更好。

这个方法的核心理念十分简单：逐步且可控地置身于让我们感到恐惧的情境中。先从轻微、可掌控的恐惧源入手，随后逐步进阶，去挑战更具难度的恐惧场景。

举个例子，如果一个人害怕坐飞机，可以从阅读关于飞机的书籍开始，接着观看飞机起飞和飞行的视频，然后去机场参观，最后尝试一次短途飞行。在进入下一个阶段之前，建议在当前阶段反复练习，直到感到舒适为止。当然，这个例子的各个步骤是我自己设计的，实际操作中完全可以根据个人情况进行调整。

逐步暴露于恐惧源之前的第一步是：清晰定义恐惧，并通

过打分来确定其程度。塞涅卡给卢基利乌斯的第 13 封信是一篇出色的指南，本篇的逐步暴露练习汲取了其中的思想。塞涅卡在信中第 8 条写道：“我们对恐惧的事物缺乏了解，从不仔细审视它们；我们只是颤抖退缩，如同受惊的士兵，面对牛群狂奔扬起的尘雾，只得逃离营地。”

我喜欢塞涅卡的这个比喻，他把让我们恐惧的东西比作尘雾。同样，在本部分开头的引用中，爱比克泰德将令人恐惧的事物比作面具。当尘雾散去，我们便看到真相；面具一旦摘下，我们便能看到隐藏的面孔；而当我们尽可能客观地定义恐惧时，就能摆脱那些无意识中添加的焦虑和主观想法。

因此，驱散恐惧唬人的尘雾，精确地定义恐惧非常重要。例如，不要仅仅泛泛地说“我害怕社交场合”，而应更具体地描述为：“我害怕在聚会上与陌生人交谈，担心被评判。”

定义恐惧后，我们可以给它打分，来确定其程度。可以用 1 到 10 的评分标准，1 表示完全没有恐惧，10 表示极度恐惧。

我曾运用这种方法来应对自己的恐高问题。以往，每当我从高楼的窗户向外望去，全身都会发抖。即使站在安全、没有任何坠落风险的阳台上，我也会感到呼吸困难。于是，我定义了我的恐惧。我真正惧怕的不是“从窗户往外看”，而是“从高处坠落，粉身碎骨”。这是一种极为正常且合乎情理的恐惧，毕竟直接关乎我的生命安危。如果我从七楼摔下去，生还的可能性微乎其微。接着，我给恐惧打分：害怕从七楼坠落并摔死的恐惧是 10 分，而从二楼坠落的恐惧程度则定为 8 分。虽然我仍然会感到害怕，显而易见，从二楼摔下后存活的概率高得多。

在对恐惧进行定义并打分后，我便开始逐步暴露于恐惧源。

具体怎么做呢？通过学习攀岩。第一阶段是抱石区（无绳索攀爬区，高度 2 ～ 3 米，大约是二层楼高，下方有厚软垫）。我初次尝试时，双腿颤抖得厉害。经过持续渐进的暴露练习，我感到越来越安全。虽说现在我在抱石攀岩时，还无法做到完全放松，但恐惧值是 3 ～ 4 分，比起最初面对坠落时的 8 分或 10 分，显然可控得多。

数周后进阶到路绳攀岩区（使用绳索和安全带，高度 15 ～ 18 米）。当专业人士向我讲解攀岩要点时，我发现其中的核心原则依旧是逐步暴露。一开始，先攀爬几米，随后放手坠落，这时你会发现自己安然无恙；接着，爬到 4 米、6 米，逐步增加高度。随着高度的增加，呼吸会变得急促，肌肉会紧绷起来，能够真切地感受到恐惧带来的压迫感。只要我们具备耐心、勇气与毅力，我们就会逐渐控制这种恐惧，也会愈发觉得安全。

就这样，我从不敢从窗户往外看，变成了能够攀爬 18 米的人。我并不是超人，也不是天才，只是一个自律、坚持不懈且有点“固执”的人（正如我妻子所说）。

我建议读到这里的你，也用同样的方法应对自己的恐惧。逐步暴露于恐惧源，并创建一个暴露的顺序。可以列一个与具体恐惧相关的情境清单，按强度从低到高排序。

例如，继续以恐高为例，如果一开始就进行抱石强度太大，可以从看高处的照片开始，接着观看高处风景的视频，然后站在低层阳台上，一步一步，循序渐进。

定义恐惧、打分和制作逐步暴露清单都完成后，最重要的是：行动。从清单上的第一个情境开始练习，直到感到舒适后再进入下一个阶段。如果在某个阶段感到压力过大，可以退回到前一阶段继续练习。如果经常发现清单上的情景过于困难，可以调整清单。逐步暴露并不是一个线性的过程，需要一定的灵活性。

我也使用循序渐进的方法，深知这种方法需要投入和坚持，可能会非常具有挑战性。但是，我保证这个方法可以有效地帮助我们克服恐惧。当然，如果你的恐惧特别严重，或者发现自己难以独自应对，一定要寻求专业治疗师的帮助。这也引出了第三个也是最后一个实践练习：寻求帮助。

★第三个实践练习：寻求帮助

> 莫因寻求帮助而羞愧。正如攻城的士兵，各有其职责所在。倘若你因腿脚不便，无法独自登上城墙，但在他人协助下能够做到，此时你当如何抉择？
>
> ——《沉思录》，马可·奥勒留，第七篇，第七条

我对斯多葛学派哲学家在书写时运用的军事和自然隐喻深感着迷。如果我们需要他人的帮助才能爬上城墙，我们会毫不犹豫地寻求帮助。可为何当他人向我们伸出“精神援手”时，我们会感到羞耻呢？或许，我们要攻克的内心城墙，比现实中的物理城墙更为高耸难越。

在浏览社交网络时，我发现了一种令人迷惑的趋势：似乎有人认为，一旦践行斯多葛主义，便不能再寻求他人的帮助。一些在社交媒体上传播斯多葛主义的用户，竟然不明白禁止寻求帮助这一观点与斯多葛派哲学毫无关联，这着实让我诧异。

斯多葛学派教导我们，要对自身的判断、信念和行为负责。斯多葛哲人引导我们专注于能够掌控的事物，同时以平和的心态接纳那些无法改变的事情。斯多葛学派从未说过，我们应成

为冷漠无情的完美机器，至少，就我所知，其学说中并无此类表述。

尽管存在一些常见的曲解，可斯多葛学派绝非一种自私自利或奉行个人主义的哲学。只要阅读马可·奥勒留的《沉思录》，就会发现这一点。实际上，斯多葛学派倡导我们将自己视为更大体系中的一部分。在这个体系里，我们不仅肩负着为他人提供帮助的责任，在自身有需求时，也应坦然地接受他人的援手。

> 我们天生是为了合作的，就像脚、手、眼皮、上下牙齿一样。相互敌对的行为是与自然相违背的。
>
> ——《沉思录》，马可·奥勒留，第二卷，第一条

在本章中，我们谈及了勇气这一美德，而它的一个实际应用便是寻求帮助。事实上，还有什么事情比寻求帮助更让我们感到困难呢？在必要时寻求帮助，难道不是一种极为勇敢的行为吗？塞涅卡曾说，仅仅是活着就需要勇气，而寻求帮助更是如此。寻求帮助意味着我们要保持谦逊，正视自身的局限性，并且承认自己无法独自应对一切。做到这些，无疑需要莫大的勇气。

我们努力变得自给自足、自强不息很重要。然而，没必要独自去面对所有问题，这样做既不现实，也不明智。诚然，斯多葛学派的目标之一是实现自足，能够依靠自己照料好自己，但在现实生活中，每个人难免都会有需要他人援手的时刻。完美的斯多葛智者并不存在，只是一个理想。

那么，该如何寻求帮助呢？这件事看似困难，其实并没有什么神秘可言。真正的障碍往往是我们自己设下的。获取他人

帮助，最为简单且有效的方法之一，就是坦诚地向对方提出请求。与值得信赖的人倾诉我们的困扰，不仅能获得帮助，还能加深彼此之间的信任。我知道这话听着像大白话，当我们因种种原因难以开口时，常常就会忽略这个简单的道理。

> 衡量成就如何，可以看这人愿意进行多少次不舒服的对话。
>
> ——蒂姆·费里斯（Tim Ferriss）

我承认，在读到蒂姆·费里斯的这句话之前，对我而言，向他人开口求助很难。当然，开口求助并不总是容易的。当我想到寻求帮助所带来的诸多益处时，内心的那道障碍几乎立刻就消失了。有时候，仅仅是把自己的想法跟别人说说，就能让我发现新的可能。

向专业人士寻求帮助时，同样无须感到羞耻。许多优秀的专业人士，拥有深厚的知识和丰富的经验，能够给予我们支持与指导。在此，我尤其要向克里斯蒂娜·奎瓦斯（Cristina Cuevas）表示诚挚的感谢。在我深陷迷茫，不知从何处梳理思绪之际，她给予了我莫大的帮助。

我们需要寻求帮助，毕竟有时候我们会感到孤独。而身边的人未必总能察觉到我们何时需要帮助，当我们刻意掩饰自己的困境时，他们就更难察觉到了。因此，如果想要获得帮助，我们就必须鼓起勇气，主动迈出寻求帮助的这一步。

最后，留下一些供大家思考的问题：你上一次主动寻求帮助是什么时候？是什么促使你开口？说出来后，你的感觉如何？你是否能察觉到那些致使你无法承认自己需要帮助的思维定式？今天，你在哪方面需要帮助？

在本章中，我们探讨了以下内容：

- 恐惧一直伴随着我们，我们无法将其彻底消除，而是需要学会与之共存。
- 直面恐惧能让我们变得更强大，让我们对自身能力更有信心。勇气这一美德可以帮助我们面对恐惧。应对恐惧要一个一个来，不要同时进行。
- 想想自己行将就木时，能有效地促使我们面对惧怕的事情。
- 我们可以从已经克服类似恐惧的人身上汲取灵感，逐步让自己暴露在恐惧中，并在需要时寻求帮助。

这些教义结出的果实是什么？是内心平静、无所畏惧、自由自在，这对真正的受教者来说，应该是最美好、最有益的果实了。

——《论说集》，爱比克泰德，第二册，第一章，第二十一条

3. 痛苦：与当下和解

> 死亡与生命、荣耀与耻辱、痛苦与快乐、财富与贫穷，这些经历都会毫无区别地发生在好人和坏人身上，这是因为它们既不美好也不糟糕，事实上，这些经历本身既不是善也不是恶。
>
> ——《沉思录》，马可·奥勒留，第二卷，第十一条

玛格达莱娜·卡门·弗里达·卡罗·卡尔德隆，也就是大家所熟知的弗里达·卡罗（Frida Kahlo），1907 年出生于墨西哥科约阿坎，她的一生充满坎坷。

最初，弗里达的人生轨迹并不是朝艺术方向延展的。然而，1925 年 9 月 17 日，命运的齿轮陡然一转，彻底改变了她的人生。那天，弗里达和她的男友亚历杭德罗·戈麦斯·阿里亚斯（Alejandro Gómez Arias）遭遇了一场可怕的事故：一辆电车撞上了他们乘坐的公交车。弗里达身受重伤，多处骨折，脊柱也严重受损。这些伤痛带来的后遗症，如同阴魂一般，缠上了她此后的人生。

这场事故，成了弗里达人生的转折点。在漫长的恢复过程中，她接受了多次手术，忍受着慢性疼痛和残疾带来的折磨。也正是在康复期间，弗里达拿起了画笔，把艺术当作逃离的出口，以及处理痛苦的方式。

1929年，弗里达·卡罗与壁画家迭戈·里维拉（Diego Rivera）结婚。在之后的创作中，弗里达把自己所经历的痛苦、残疾，还有与迭戈之间复杂的情感关系，都融入了艺术作品里，成为墨西哥超现实主义艺术的核心人物。

弗里达将苦痛淬炼为艺术瑰宝，在世界历史的长河中留下了鲜明而真实的印记。通过一幅幅画作，弗里达向人们表达了痛苦、爱情等普遍的人生体验。弗里达的作品永垂不朽，激励着一代又一代的艺术家和崇拜者。她的作品仿佛在向我们诉说：即使身处逆境，人类也有能力找到美和生命的意义。

肉体上的痛苦，是人生难以避免的经历。无论是小伤口还是慢性疼痛，我们都体验过或将会体验。既然清楚这一点，我们就应为此做好准备。那么，我们该如何面对痛苦呢？斯多葛学派的思想，能不能帮我们更好地应对痛苦呢？在这一章里，我们就来深入探讨这些问题。

斯多葛学派并不把痛苦视为需要害怕的东西，而是将其视为生活的一部分。如果正确应对，痛苦甚至可以引导我们收获美德和内在成长。不过，如果应对不当，痛苦也会搅乱我们内心的平静，阻碍个人的蓬勃发展。我们知道，真正给我们带来苦恼的并不是事情本身，而是我们解读事情的方式。因此，我们的目标应该是要以勇气和冷静去面对，而不是渴望没有痛苦，痛苦毕竟是我们无法控制的。

在写本书时，我已经与腰椎间盘突出“共处”三年多了，几乎每天都感到疼痛。日子久了，我察觉到，每当自己压力大、紧张或者焦虑的时候，腰部就会不舒服。腰部疼痛，一直或多或少地烦扰着我。

2020 年 10 月，像往常一样，我在做一项混合健身（CrossFit）[1]的训练。突然，我的背部发出了“咔嚓”的声响。杠铃从手中甩出去，我摔倒在地，几乎无法站起来。接下来的十天里，我躺在床上无法起身。其中第一天，我甚至疼昏过去。从那以后，我每天都感到下腰部疼痛。为了有所改善，我积极进行灵活性、力量和柔韧性训练。虽然有所好转，但我感觉离疼痛完全消失还很远。

通过阅读本章开头引用的马可·奥勒留的话，我能够更好地应对疼痛。并且明白了，我的背痛既不是好事也不是坏事，它只是存在而已。有人可能会反驳我：疼痛怎么会不是坏事呢？难道它是好事吗？从斯多葛学派的角度来看（这一点让我信服），疼痛既不属于善也不属于恶，它是一种非偏好的中性事物。事实上，当身体感受到疼痛时，我们有两种选择：一种是任由疼痛吞噬我们、支配我们；另一种则是把疼痛视为需要跨越的障碍，看作生活中自然的一部分。我们可以选择抱怨现状，也可以选择接纳疼痛。无论我们多么希望疼痛消失，身体上的不适并不会因为我们的主观意愿就应声而退。而疼痛的感受程度，取决于我们如何看待它以及如何回应它。

> 与因为琐事忍受痛苦相比，当人们自愿为国奉献时，他们更容易承受痛苦，而这一简单的事实表明，痛苦的强度取决于承受者的心理状态，而不是痛苦本身的性质。
>
> ——《论义务》（*Sobre los deberes*），西塞罗（Cicerón）

① CrossFit INC 是一家美国健身公司，人们会跟随该公司每天在网站上张贴的新健身动作，以执行 Cross Fit 计划，该计划综合了田径、体操、举重等许多动作，进行无间歇练习。（译者注）

我希望快速回顾一下《屹立不倒》中已经提到的内容，以帮助大家更好地理解本章的内容。

斯多葛学派将世界上所有的事物分为三类：善、恶和中性事物：

- 唯一的善是道德上的善，是按照四大美德行事：实用智慧或谨慎、勇敢、正义或善良、自制。尽管我们需要通过训练来更好地实践这四大美德，但这完全在我们的控制范围内。
- 唯一的恶是道德上的恶，体现在按照与美德相反的恶习行事，比如轻率或傲慢、懦弱或鲁莽冲动、不公正或邪恶、缺乏自控或过度约束。而我们完全能够决定是否采取这些不良的态度与行为。只要我们用心去观察，就能逐渐察觉到自己身上存在的某些行为模式。了解这些模式非常重要，因为它能帮助我们深入理解，为什么自己会做出偏离美德的事。同时我们也要继续努力，改善自己的言行，远离道德上的恶。
- 其他事物则属于中性事物。这里所说的“中性”，并不是说这些事物对我们而言完全无所谓。而是说从道德角度来看，从这些事物的特性出发，这些事物不在我们的控制范围内。因此，不应该渴望或恐惧它们。不过，确实可以偏好或不偏好中性事物。所以，中性事物又被细分为两类：偏好的中性事物和非偏好的中性事物。

  ——偏好的中性事物：指的是那些不在我们控制范围内，但我们偏好的事物，比如财富、健康、生命和友谊。

  ——非偏好的中性事物：指的是那些不在我们控制范围

内，但我们不偏好的事物，比如贫穷、疾病、死亡和敌对关系。

根据这种分类，痛苦属于非偏好的中性事物：它不在我的控制范围内，但我更希望没有。很显然，如果可以选择，我当然不偏好有让我疼痛的腰椎间盘突出。现实是我有腰椎间盘突出，无论我多么希望它消失都无济于事。相信我，我已经试过了。

因此，本章中我们将详细介绍我实践过的内在修行[①]，分为两个部分：

1. 接纳痛苦。
2. 专注于我能控制的事情，以减轻痛苦。

我深知，或许有读者此刻承受的痛苦远胜于我，甚至连活下去都成了煎熬。我真的理解那种感受，有些人的痛苦如深渊，我的腰椎问题相较之下或许不值一提。即便痛苦已达到无法忍受的程度，我们唯一能做的，仍是审视哪些事情是完全在我们控制范围内的。我曾与身处此等困境的人们并肩工作，所以我知道专注于可控之事，才是我们唯一能做的事。

> 超过限度的痛苦不可避免地会让人口不择言，甚至常常让我们失去说话的能力。
>
> ——《致赫尔维亚的告慰书》(*Consolación a Helvia*)，塞涅卡，第一条

① 内在修行指通过自我反思，提高自我认知，做到自我接纳，实现个人成长。(译者注)

塞涅卡知道，有些痛苦甚至让我们无法开口说话。“疼痛科”的存在就是为了帮助这些忍受极大痛苦的人，尽可能地寻得与痛苦和平共处的方式。在这种情况下，本章中斯多葛学派的建议可能不会彻底改变他们的生活，但我衷心希望这些建议能帮助他们更有效地应对痛苦。

在深入探讨痛苦之前，我想先说明一点：本章主要关注身体上的痛苦，而不是心理层面上的，心理痛苦我们会在另外一章展开讨论。接下来，我们将一同了解一些斯多葛学派应对痛苦的策略，以及其他冥想学科给出的建议。这些方法，同样也是我在应对痛苦时所使用的有力工具。让我们现在开始吧！

不要徒增痛苦

> 想要摆脱痛苦本身就是痛苦，而不是一个与痛苦不同的“自我”的“反应”。当你发现这一点时，逃避痛苦的欲望就会与痛苦本身“融合”，并逐渐消失。
>
> ——《不安的智慧》(*La sabiduría de la inseguridad*)，
> 阿伦·瓦茨（Alan Watts）

第一次在阿伦·瓦茨的书中读到这句话时，我无法理解。只得重新阅读，思考这句话到底是什么意思。我与痛苦融合，然后痛苦消失是什么意思？这是否意味着我变成了痛苦？“想要摆脱痛苦本身就是痛苦”又是什么意思？

乍一看，这些话可能没什么意义。如果读者此刻感到身体疼痛，就能更好地理解这些话。如果还通过正念练习

(mindfulness)[1] 来学习如何应对疼痛，对这些话的理解就会更加深刻。

我敬佩的朋友古斯塔沃·迪茨（Gustavo Diez)[2] 曾谈到大脑是如何处理疼痛的。在重伤的康复过程中（这也是我写这本书时正在经历的情况），可能会出现所谓的“幻痛”。幻痛是我们身体为了保护自己免受伤害而过度反应的自然倾向。这解释了为什么有些人在伤势已经恢复后，仍然会感到疼痛。

为什么会这样？一个有趣的解释是“大脑疼痛处理系统”发生了改变。当大脑疼痛处理系统发生改变时，会出现“可塑性疼痛”。这种“疼痛”会引起某些症状，影响我们对疼痛的感知，也会影响情绪和认知功能。

那么，如果我们已经康复，但仍然“感到”疼痛，我们该怎么办？如何应对这种疼痛？如何告诉大脑已经没有危险，可以感到安全，不需要再害怕了？

古斯塔沃的团队为此开展了一个正念减压疗法（MBSR）计划。第一天，他们进行了一个叫作“身体扫描”的练习，参与者从脚到头依次关注身体各部位的感觉。参与者感到不舒服，经常试图调整姿势。古斯塔沃说：“每分钟都能听到人们在地板上寻找更舒服的姿势，但一直没找到。从不断的叹息声和面部表情可以判断，参与者处于极度不适的状态。到了计划的最后一天，垫子上的肢体挪动的声音几乎听不到了。人们可以保持半仰卧的姿势长达四十分钟。”

---

① 正念源自佛教禅修，后发展为心理学中的概念，指将注意指向当下目标而产生的意识状况，且不加评判地接纳此时此刻的各种经历或体验。（译者注）

② Diez, G. (s. f.). *¿Por qué funciona mindfulness en el dolor crónico de espalda?* Gustavo Diez. Disponible en: <https://nirakara.com/blog/ dolor-cronico>.

古斯塔沃的正念减压疗法计划向我们证明，“想要摆脱痛苦本身就是痛苦”，当我们只是观察痛苦，而不去判断它是好是坏时，一切都会改变。

> 疼痛不会持续不断，至少会缓解。……请不要加重你的痛苦了，不要再抱怨：如果我们不评判，疼痛本身是微弱的。
>
> ——《致卢基利乌斯书信集》，塞涅卡，第七十八封，第十二条

上述内容并不是说痛苦时应该感到高兴，这远非事实。显然，人们偏好不感到痛苦。既然我们已经“注定”要经历痛苦，那么合理的做法不是试图逃避。因为我们不仅无法逃避，反而会徒增挫败的痛苦。

面对无法改变的痛苦，斯多葛学派给出的应对之策是接纳。以我自身的经验而言，当我努力接纳痛苦，并开始专注于可控之事时，负担就会有所减轻。

因此，试图摆脱痛苦只会雪上加霜，而接纳和观察才是与痛苦和谐共处的第一步。最后，我想和大家分享我的朋友亚历克斯·罗维拉（Álex Rovira）的一句话，这句话可以当作一个实践练习。这句话帮助过我无数次，可能也会帮你应对痛苦或其他困境。这句话是：“当你感到迷茫，身处危机当中，或是面临重大变化，完全不知所措、不知该如何行动时，不妨问问自己：‘我需要接纳什么？’”

痛苦能给我们的生活带来意义吗？

到目前为止，我们一直在说痛苦本身既不是好事也不是坏

事。长期承受痛苦的人，自然而然将痛苦归类为“坏事”。事实上，有不同观点认为，痛苦甚至可以为我们的生活赋予意义①。

维克多·弗兰克尔认为，人类注定要为生活赋予意义。在其经典著作《活出意义来》（*El hombre en busca de sentido*）中，他以深刻笔触向我们展现了对这一观点的透彻领悟。在惨绝人寰的犹太人大屠杀中，维克多·弗兰克尔痛失所有亲人，不得不寻找生命的意义。彼时的他，不仅遭受着至亲离世的痛苦，而且陷入身无长物、生活举步维艰的困境。这般境遇，世间还有什么痛苦能比它更为沉重?

然而，正是对亲人的爱，成为维克多·弗兰克尔顽强活下去的动力。他之所以能够坚持下去，是因为他爱逝去的亲人。后来，当患者满怀迷茫、走进他的诊所，渴望探寻生命意义时，这位言辞犀利、治疗卓有成效的意义治疗师，总会向他们抛出一个问题:“你为什么不选择自杀？”患者们在回答这个问题的过程中，找到了属于自己生命的意义。

斯多葛学派与维克多·弗兰克尔的观点相近。如果按照时间顺序，我们可以认为，维克多·弗兰克尔这位奥地利神经学家和哲学家有着和斯多葛学派相近的观点。斯多葛学派也将痛苦视为一种可以给愿望、观点和行动赋予意义的事物。他们将困难（包括痛苦）视为神灵为了锻炼他们的美德而送来的考验。通过这种强有力的重新诠释，斯多葛学派哲学家改变了对困难的看法，将障碍转化为道路。如果遇到一堵墙，斯多葛哲学家会试图将其变成一块垫脚石。

---

① Toro, M. (2023). ¿Puede el dolor dar sentido a la vida?. *Ethic*. Disponible en: <https://ethic.es/2023/08/puede-el-dolor-dar-sentidoa-la-vida/>.

> “我偏好痛苦远离我，如果我必须忍受痛苦，我希望自己在痛苦中表现得勇敢、正直、积极。我怎么会不偏好自己永远不卷入战争呢？如果我卷入战争，我希望自己能够正直地忍受伤口、饥饿以及战争带来的一切不幸。我不会疯狂到希望自己生病，如果我不得不生病，我会希望自己不要失控或变得软弱。因此，困境不令人向往，而美德令人向往，人们用美德忍受困境。”
>
> ——《致卢基利乌斯书信集》，塞涅卡，第六十七封，第四条

塞涅卡在这段话中解释得非常清楚：渴望无法阻止痛苦、折磨、战争或疾病的发生，这些毕竟是我们无法完全控制的。因此，我们唯一能做的，就是希望用美德去面对这些困境。方法是重新解读外部环境，将其转化为帮助我们践行美德的工具。

2004 年，心理学家理查德·泰代斯基（Richard Tedeschi）和劳伦斯·卡尔霍恩（Lawrence Calhoun）提出了术语“创伤后成长”（crecimiento postraumático）[1]，指的是“经历逆境或其他挑战后，表现出的积极心理变化与个人成长”。也许不经意间，人们给斯多葛学派和其他哲学（如佛教或印度教）在两千多年前发现的事情赋予了一个现代名称：当我们面对困难时，如果能够重新解读并以另一种方式看待它，我们不仅能够渡过难关，而且会在心理上变得更强大。

我们可以从这一部分中学到的最重要的一课是，无论我们

① Tedeschi, R. G., y Calhoun, L. G. (2004). Posttraumatic Growth: Conceptual Foundation and Empirical Evidence. *Psychological Inquiry*, 15 (1), 1-18.

正在经历什么痛苦，我们的头脑是自由的，可以为这种痛苦赋予意义，让痛苦指引我们的生活。但要做到这一点，我们需要训练自己，培养这种思维自由。接下来，我们将探讨如何做到这一点。

过去的痛苦、现在的痛苦和未来的痛苦

> 不要抱怨过去的痛苦了，也不要再说这样的话：‘没有人比我更惨了。我经历了多大的折磨和苦难啊！’就算这是真的，也已经过去了。现在再去揭伤疤，因为过去的痛苦而让自己现在感到不幸，又有什么用呢？我们必须根除这两个极端：对未来的恐惧和对过去苦难的回忆。过去已经与我无关，未来还未发生。
>
> ——《致卢基利乌斯书信集》，塞涅卡，第七十八封，第十四条

塞涅卡一生中大部分时间都在忍受病痛。他所说的这句话，饱含着切身体会。在他写给卢基利乌斯的第 78 封信中（这封信主要围绕疼痛与疾病展开），他承认，自己曾经痛苦到了极点，一度几乎想要放弃生命。出于对父亲的爱，他没有这样做。

当时年老多病的塞涅卡深知，如果自杀，会给父亲带来巨大的悲痛，父亲可能不久后也会随他而去。如果有人认为斯多葛派哲学家是冷漠无情的人，我建议去读读这封信的开头部分，会改变看法的。塞涅卡认为是勇气、哲学以及朋友们的关爱让他能够忍受疾病。除此之外，帮助他忍受疾病的因素还有散步、体育活动、呼吸练习和饮食健康。这些方法即使在今天也依然非常实用。

正如我之前所说，也正如塞涅卡所深知的那样，疼痛由大脑处理，并不完全在我们的控制下。斯多葛学派，尤其是塞涅卡和马可·奥勒留，都曾指出，当下几乎不会是完全无法忍受的。只要我们还活着，就说明我们可以忍受当下的状况。

也许你会觉得这听起来像是一种消极认命的态度，实际上，我们探讨的并非听天由命，而是接纳。接纳可不是消极被动，恰恰相反，接纳的关键在于，着手去做可控之事。同时，接纳也意味着，承认那些无法改变的事情，不再试图改变它们。

在我看来，塞涅卡说得很有道理：我们没必要因为过去的不幸经历，就让现在的自己陷入痛苦；也不必因为担忧未来的不幸，而提前让自己难过。过去经历过疼痛，不代表我们现在就会疼痛。同样，此刻感受到的疼痛（除非是慢性病痛），也不会一直持续下去。

因此，在我们探讨的如何与痛苦和谐共处的策略里，一个关键点是与当下和解，不要被过去或未来所拖累。毕竟过去的已然无法更改，未来又尚未降临。

若要与痛苦和解，最好的办法似乎是掌握一些技巧，以此提升我们应对当下痛苦的能力。有一项针对患有持续性骨关节炎膝痛患者的比较研究[①]，参与研究的患者，其疼痛平均已经持续了十二年之久。研究人员试图弄清楚，一种旨在增强应对疼痛能力的认知行为干预手段，能否减轻患者的疼痛、缓解精神残疾状况、改善心理障碍，以及减轻对疼痛的反应。

---

① Keefe, F. J., et al. (1990). Pain coping skills training in the management of osteoarthritic knee pain: a comparative study. *Behavior Therapy*, 21 (1), 49-62. DOI: 10.1016/S0005-7894(05)80188-1.

患者被随机分配成以下三个小组：

- 第一组：在十次小组会议中接受应对疼痛的能力训练。
- 第二组：接受十次关于骨关节炎的详细信息讲解。
- 第三组：常规对照组，患者继续接受常规医疗护理。

十周后，结果显示，第一组在治疗后的疼痛水平和精神残疾程度显著低于第二组或第三组。

我想你现在脑海中可能会有一个问题：我可以练习哪些方法来更好地应对痛苦？很高兴你问这个问题，因为这正是我们接下来要讨论的内容。

如何面对痛苦？

> 黄瓜是苦的？那就扔掉它。路上有荆棘？那就绕开它。这就够了。不要问：为什么世界上会有这种事？
>
> ——《沉思录》，马可·奥勒留，第八卷，第五十条

在这段充满智慧的文字中，马可·奥勒留提醒自己，要寻找问题的解决方案，而不是去问为什么自然界会让这些问题存在。如果你吃黄瓜时发现它是苦的，那就扔掉它。如果你走在路上遇到荆棘，那就绕开它。如果你问为什么会有苦黄瓜，为什么路上会有荆棘，这毫无意义。这不会让黄瓜变甜，也不会让荆棘神奇地消失。事实上，正如我之前所说，与这些问题对抗只会给痛苦增添更多的痛苦。

在开始练习之前，我想提醒大家，我建议的这些练习或许

会对你有所帮助，但它们并不能替代专业人士的帮助。如果你的痛苦非常特殊，需要特定的治疗，务必不要用书中练习替代专业领域的专家帮助。

在做了这个免责声明后，让我们来看看第一个实践练习。

★第一个实践练习：接纳

要与当下的痛苦和解，我们可以迈出的第一步是以接纳的态度去面对它。

在本章的开头，我提到了我的腰痛，以及我为了应对这种持续的疼痛迈出的第一步是接纳它。我曾经希望疼痛消失，希望腰不那么痛，但疼痛依然存在，不以我的意愿为转移。接纳疼痛并继续前行，这给了我极大的平静，同时我也专注于我能做的事情。

因此，我建议你的第一个实践练习就是接纳。

我知道接纳和放弃并不容易，尤其是在这个现代世界中，我们总觉得自己有权拥有一切。但现实总是会压倒我们的偏好，当我们接纳现实时，较之抵抗和盲目对抗，我们可以更好地适应现实。

> 智慧会清除并移开一切阻碍其实现目标的事物，阻碍行动的因素会转化为行动，绊脚石会转化为道路。
>
> ——《沉思录》，马可·奥勒留，第五卷，第二十条

我要说清楚一点，我并不是想让大家听天由命。我的建议是，如果你已尝试所有可控方法来治愈痛苦却未成功，不妨接纳你无法控制的事情，这或许对你更有帮助。正如马可·奥勒

留在上段引用中所说的，让自身处境去适应痛苦带来的限制，这样做能极大程度地减轻你的痛苦。

以我自己为例，我非常喜欢踢足球、打篮球和练习混合健身，但这些活动我已经暂停了，等我的腰椎间盘突出好转（如果有一天它会好转的话）才能做。目前，我已经调整了自己的心态和活动，以适应现状，同时努力改善。我建议你做的正是同样的事情：接纳和适应。

正如我在前面提到的亚历克斯·罗维拉的建议，如果你感觉因为疼痛，无法在生活的某个领域前行，并为此而沮丧，那就问问自己：我需要接纳什么？

★第二个实践练习：锻炼你的意志力

> 跛脚只是腿的障碍，而非意志的枷锁。
>
> ——《手册》，爱比克泰德，第五章

正是这样的格言，让爱比克泰德成为最伟大的斯多葛派哲学家之一。他一生大部分时间为奴，甚至有记载说他的主人埃帕弗洛狄托斯（Epafrodito）打断了他的腿。尽管遭遇这种“无足轻重的挫折”，他的《手册》却向我们展示了他如何接纳、理解和适应困境，令人惊叹。

爱比克泰德用钢铁般的意志证明：身体的缺陷或外界的困境，都不该成为心灵的牢笼。好消息是，意志力是可以锻炼的。也许我们永远达不到爱比克泰德的境界，但难道不值得为此努力吗？现在，不妨拿起纸笔完成这个五步练习：

1. 第一步是确认什么痛苦正在变成生活的阻碍。本章重点讨论身体上的痛苦，如果你身体健康，可以想想“情绪上的痛苦”或者是当前的困境，比如职场压力、紧张关系、你不敢面对的不适场景。写完后，描述当前的阻碍如何影响你的生活和情绪。

2. 第二步是反思在此之前你是如何处理这个障碍的？你是否任凭障碍限制了你的真实意愿（你真正想做的事）或行动？具体是如何限制的？详细记录下来。

3. 第三步，为训练意志，防止意志生锈，设定一个尽管有阻碍也能完成的小目标。例如，腿伤就练上肢力量，背痛不能运动就挑战智力目标，如参加课程或读一本难懂的书。关键是像爱比克泰德说的，不要让阻碍影响行动。

4. 第四步：尽管有障碍，每天做一件靠近目标的事。如果你的目标是读书，可以设个目标，每天读十页。如果你腿受伤了，选择做俯卧撑，就设个目标，每天做一定数目的俯卧撑等其他上肢训练。每天行动，促进目标实现。

5. 最后，每天、每周、每月末，反思进步并做出评估。是否坚持朝既定目标努力了？目标和每天的行动如何改变了你对阻碍的看法？阻碍是否还像过去那样庞大可怕？

在进入下一个练习前，我想强调，这不是一蹴而就的，而是需要你持续优化调整的长期练习。练习的目标是，你不仅能应对当前困境，更能为未来迎接任何挑战做好准备。记住，无论是跛足还是困境，都不能限制你前进的能力。你的头脑和意志是你能训练的最有力的肌肉。

实践练习：放松与想象训练

我把接下来三个练习归到同一个类别，是因为它们都来自本书前面提到的研究中的第一组患者进行的练习，该小组通过学习疼痛应对技巧成功地减轻了疼痛感知。

★第一个实践练习：逐渐放松肌肉

在应对和缓解疼痛之前，要学会放松肌肉。正如我们在本章和本书中看到的所有练习一样，这是一种可以习得并继续提升的技能。技巧在于通过将注意力集中在不同的肌肉群上，感受身体紧张与放松部位之间的差异。

通常，建议从脚部开始，让注意力逐步扫描身体的各个部位。当我们感知到某个部位有明显的疼痛或紧张时，集中注意力和呼吸，并不做任何评判，直到该部位逐渐放松。我们的呼吸应深而缓，将注意力集中在紧张部位，一直到感觉该部位放松。然后，继续扫描身体的其他部分。

如果一开始难以感知到紧张点（这在初期是完全正常的），我们可以尝试收缩全身肌肉几秒钟。然后，在放松时，会更容易发现需要关注的紧张部位。这个练习的关键在于，注意力仅集中在感知身体的感觉上，包括疼痛。不要试图避免或隐藏疼痛，我们只须观察它，由此，疼痛本质上是一种感觉。

我们在练习中的呼吸方式可以尝试 LSD 呼吸法，这个缩写代表“缓慢、柔和、腹式呼吸”。也就是说，我们将注意力集中在紧张点上，进行缓慢、柔和且利用横膈膜运动呼吸（腹部充气而不是胸部充气），直到感觉到紧张区域逐渐放松。

需要强调的是，通常紧张程度越低，疼痛感也会越轻。此外，建议这个练习的持续时间至少为十到十五分钟。通过练习、时间和耐心，我们将更能减少身体的整体紧张感。

★第二个实践练习：微型放松

微型放松与逐渐放松肌肉类似，但更快捷，可随时随地在日常生活中进行。微型放松的核心是尽可能释放全身的紧张感，无须专注于特定部位，当然如果愿意也可以针对某个区域。微型放松可以持续 30 秒到 1 分钟，简单易行。

如果我们找不到身体的紧张部位，可以按照前一练习中的方法：先收缩全身肌肉再放松，并重复数次，持续时长可由自己确定。结束时，做 10 次 LSD 呼吸。微型放松后身体的紧绷感一定会有所减轻。

★第三个实践练习：想象愉快场景

最后的练习是利用想象力来回想起一个让你感到愉悦的地方或一段幸福的回忆。这种放松方法让我们能够专注于一个喜欢的地方（真实或虚构的），那里安全、宁静，且没有疼痛。当我们能够专注于愉快的事物时，就很难再去关注不适感。研究表明，唤起或创造这类想象能有效地减轻疼痛感知。

我希望通过内化本章提出的原则，并逐步、持续、温和地练习这些方法，你能够逐渐与痛苦泰然相处。

正如我在本章开头所说，根据我的亲身经历，我知道病痛确实令人烦恼，但我们无法控制。然而，我们可以努力改变对痛苦的看法以及我们与它的关系。

加油！保持耐心，并对自己温柔以待。

在本章中，我们探讨了以下内容：

- 身体层面的痛苦不可避免。正如斯多葛学派和现代科学的建议，我们可以改变与它的关系。
- 从斯多葛学派的角度来看，痛苦本身不善不恶，而是一种非偏好的中性事物。痛苦不在我们的控制范围内，但我们偏好没有痛苦。
- 当我们试图逃避痛苦、评判痛苦时，实际上是徒增痛苦。
- 如果我们改变对痛苦的解读，将其视为实践美德的机会，痛苦甚至可以为我们的生活赋予意义。
- 研究表明，应对疼痛的最佳方式并不是更详细地了解是什么让我们疼痛，而是学习一些技巧和练习，来帮助我们更好地与疼痛相处。

4. 依恋：学会放手

> 万物消逝何其迅速：空间里的本体消亡；时间里的记忆消散！
>
> ——《沉思录》，马可·奥勒留，第二卷，第十二条

从前有位盲眼妇人，独居于山间小木屋。过往旅人常在她屋旁歇脚，她以向他们提供人生建议而闻名。

某日，一个爱嘲弄的年轻人前来试探。

他手持羽毛问道："你若果真如传言般睿智，就证明给我看。说说，这根羽毛是轻是重？"

妇人接过羽毛思索片刻，回答道："答案取决于你携带它的方式。若握得太紧，并以苦涩怨怼相待，它便重若千钧；若坦然接受，从容对待，则不过旅途中的一片轻羽。"

年轻人闻言愕然。

他反思后，理解了盲妇的深意：关键不在羽毛本身，而在于对人生态度的选择。

斯多葛学派等诸多哲学体系都论述过"依恋"带来的痛苦。在斯多葛派哲学家看来，多数苦难源于我们对外物的解读方式不当，以及对际遇、物品、观念和人的依恋。

从上文的故事（很遗憾未能找到作者）中，我们可以看到斯多葛学派对依恋的理解。它揭示了我们与事物（以羽毛为例）

的相处之道：一种是不计代价地紧抓不放，另一种是从容以待，既珍视其存在，也知道清风终将携它远去。

秉承前苏格拉底哲学家赫拉克利特（Heráclito）的思想遗产（其名言“无人能两次踏入同一条河流”），斯多葛主义哲学家认为万物变化无常：有生有灭，不断变化。生命中的一切都是动态的，处于不断运动中。

> 时间如河流，事件构成湍急的河水。一事显露，转瞬即被吞没；新事接踵而来，旋即亦归湮灭。
>
> ——《沉思录》，马可·奥勒留，第四卷，第四十三章

基于万物无常的观点，下文将解析依恋的本质，探讨其重要性，剖析过度依恋的弊端，最后探讨斯多葛学派提出的实践方案，以及如何在生活中践行。

何为依恋？

“apego”（依恋）一词源出拉丁语 *apegar*，由前缀 *a-*（来自拉丁语 *ad-*，意为“朝向”）和动词 *picare*（黏附、涂抹、联结）复合构成。因此，其字面含义为“朝向黏附、联结之物”。

读到这个词源释义时，我想象到一支胶棒将我们与他人、外物或信念黏合起来，这实际上与“对某人某物怀有依恋”的意涵相去不远。

依恋让我们感受到一条我们希望永久存在的纽带。我们期望这条情绪纽带作为黏合剂，帮助我们维持深刻持久的联结。依恋是人类经验中不可避免的组成部分，深刻影响着我们与世

界的互动方式。

然而，依恋同时也是大脑创造的幻想，使我们认为必须与某人某物永恒绑定。否则，倘若命运剥落这层精神胶质、让我们与联结对象分离，我们便注定陷入痛苦。

依恋是如何形成的？

命运巧合使然，2023 年 2 月我初为人父之际，恰好在为本章内容研究依恋课题。自从女儿出生的第一天起，亲友们便不断提醒我需要与她“建立依恋”关系。

想想我当时困惑的表情——我正研究探讨去依恋的重要性，人们却不断建议我要与新生儿缔结依恋关系。

幸运的是，通过阅读杰出学者的著作，尤其是神经心理学家阿尔瓦罗·毕尔巴鄂（Álvaro Bilbao）的著作，我终得解惑：人类出于安全与保护本能，天生具有依恋需求；安全型依恋模式对儿童（及其成年后）的情绪健康至关重要。如果孩子的情绪健康良好，便能更好地应对人生的起起落落。在建立安全型依恋关系的过程中，父母发挥着举足轻重的作用。尽管基因影响很大，父母在婴儿初生数月的行为同样关键[①]。

由此我领悟到，依恋关系的建立始于童年时期。在至关重要的生命初期，我们通过与主要照料者（通常为父母）建立依恋纽带。理解这一原理意义重大，因为这些初始联结将决定我们未来的人际关系是怎样的，决定我们成年后如何解读自己与

① Bilbao, Á. (2023). ¿Qué es el apego seguro y cómo fomentarl. *¿Álvaro Bilbao*. Disponible en: <https://alvarobilbao.com/apego-seguro>.

世界的关系。随着成长，当我们与玩具（人生首批所属物）、朋友及其他重要人物构建新关系时，依恋的概念也随之拓展至这些新兴联结中。

人类生活中依恋的重要性

依恋这样微妙的东西，在我们的生活中扮演的角色比我们想象的重要得多。依恋之所以重要，有以下几个原因：

- 依恋给我们带来归属感和联结感。依恋让我们感到自己属于某个群体或部落，从而与他人建立联系。依恋帮助我们感受到自己属于一个由相似之人组成的关系网络，这为我们提供了情感上的联结感。因此，我们的部分身份认同是与他人共享的。
- 依恋会带来满足感和美好回忆。依恋让我们体验到快乐和满足的瞬间，这些美好时刻会深深印在我们的记忆中。基于依恋与他人建立的关系，会为我们创造美好的回忆。我们的生活因此愈加丰富，我们也会与特定的人、事物或想法建立更深层次的联结。
- 依恋会在困难时提供情感支持和庇护。在艰难时刻，依恋就像伸出援手的朋友。同我们联结的人或物，可以在我们最需要的时候，给予我们安慰、庇护和鼓励。
- 依恋会影响我们的决策。依恋会影响我们日常做出的决定和行动。它就像是一个内在的指南针，根据与我们联结的、让我们有安全感的人或物，微妙地引导我们的步伐。依恋会影响我们如何看待世界、优先考虑什么以及如何与他人相处。

总之，我们切不可小觑依恋发挥的作用。它不像我们常读到的那样，全是负面影响。依恋是一种感受，如果理解得当，它会引导我们、支持我们，让我们的生活变得丰富多彩。

接下来，我们就一起来看看，对某人某物的过度依恋何时会变成一个问题。

依恋的问题

我们已经知道，感受到依恋就像呼吸一样，是人类的本能。对亲人或具有情感价值的物品心生依恋，是完全正常的。依恋关系让我们有安全感、有归属感，并为我们构建的自我身份赋予意义，比如，“我是卡洛斯的兄弟，我是安东尼奥的父亲。我在这家公司工作，拥有这辆车，我是一名顾问和工程师”。

一旦我们失去依恋的人或物，就好似拼图的碎片散落开来，我们自身身份的一部分也会随之剥离，随着那些依恋之物的消失而离去，进而让我们在某种程度上感到孤独。实际上，这就是依恋的两面性。

一方面，这种情感联系或纽带可以带来快乐、安全感和满足感；另一方面，正如斯多葛学派所观察到的那样，依恋也会让我们感到痛苦和悲伤。从斯多葛学派的角度来看，依恋被视为一种不必要的痛苦来源。斯多葛学派认为，生活中的一切都是短暂的，而且随时可能发生变化，因此对他人、物品或想法的占有性执着会给我们带来痛苦和焦虑。因此，对斯多葛学派来说，真正有价值的东西在于我们自身的品格和美德，而不是外在的拥有。

正如任何美德都可能变成恶习一样，当依恋变成焦虑，变成一种绝望的占有需求，甚至成为一种依赖时，问题就出现了。

当我们对某个人产生过度依恋时，仅仅是脑海中浮现失去他们的场景，就足以让我们痛苦不堪。举个常见的例子：大脑会向我们传递一些可怕的信息，告诉我们，如果伴侣离开，生活将会陷入糟糕的境地，我们会陷入孤独的深渊，在这个世界上孤立无援，生活也会因此失去意义。

如果只是想想有可能与依恋之人或物分离，就已经严重影响到我们的正常生活，那么此时就该着手采取行动了。因为在大多数情况下，现实往往不会如我们脑海中所设想的那般可怕。虽然不是所有情况都如此，但在大多数时候，确实是这样。

正如塞涅卡在写给朋友卢基利乌斯的信中所说："相较于现实中所经历的痛苦，我们在想象中承受的煎熬往往更为频繁且深切。"当过度依恋控制我们时，借用塞涅卡的话来说，我们会过早地、过度地感到痛苦，但只有亲身经历后才会明白这一点。因此，斯多葛学派建议我们通过想象练习，为与依恋之人或物分离做好准备。

此时，我们需要停下来，审视一下哪些信念会导致我们过度依恋。

非理性信念与依恋

导致我们产生过度依恋的非理性信念，是一类扭曲且不切实际的想法，它们会影响我们对依恋对象的情感和行为。这些非理性信念，会破坏我们的幸福感和内心平静，导致我们产生对自身有害的想法和行为。

我们该如何应对这些信念呢？第一步是关注自己的想法。哪些想法通常与过度依恋有关？让我们看看以下例子：

- “我需要这个人在我的生活中，我才能感到快乐。”
- “如果这个人离开我，我的生活将无法忍受。”
- “如果我没有得到这件东西，别人就不会接受我。”
- “如果我改变主意，别人就再也不会认真对待我。”
- “如果我搬到另一个城市，我将无法重新开始生活。”

这些例子表明，尽管这些想法可能是有道理的（失去所爱的人确实很痛苦，在一个新城市重新开始也确实很难），但它们会严重影响我们。如果分析一下这些想法，就会发现它们通常带有一种夸张和灾难化的倾向。

一旦发现阻碍我们的非理性信念，接下来就是质疑它们，并用更现实的想法取而代之。

过去是否曾有过所爱之人离开我们的经历？我们是否能够继续前进，还是生活会随着关系的结束而终结？我们是否曾经搬去其他城市？我们能够重新开始生活，还是会一直孤独下去？

如果伴侣离开我们，而我们又深爱着对方，这无疑会让我们很痛苦。但是，生活会继续下去。尽管当时我们可能难以看清，但感到痛苦和孤独只是暂时的。几个月或几年后，痛苦和孤独感会减轻很多。没有什么是永恒的。

亲人的离世也是如此。显然，我们不希望家人离世，但人终有一死。只有理解死亡是自然和生命运行的一部分，才能在经历悲伤和痛苦后，从中走出来。

在写下这些文字时，我是一个新生女孩的父亲，自然地对她感到依恋。想到她可能会离世，我的内心涌起了一种从未有过的感觉，这是一种自然且无法控制的反应。由于学习和练习过斯多葛主义，我知道在这种本能反应冲击过去后，我的理智会发挥作用。冷静反思后，我明白，我的女儿终将像其他所有人一样离世。如果我不幸经历了这一天，我最好为此做好准备。当然，我更希望这不会发生，但这不在我的控制范围内。我能控制的是如何在心理上做好准备。

另外，我们还可以寻找能够证明事实的证据。正如塞涅卡所说，我们需要提供证据来恢复理智，证明自己之前的想法是错的。我们是否能提供证据证明我们在与所爱之人分开后依然能够幸福？是否有见证人可以讲述我们过去是如何重建自己的？通过找到能够证明事实的例子和证据，我们可以开始修正这些信念，并发展出更健康的想法。

对物质财富的依恋

> 你渴望安宁又有何用？你的财富不允许你安宁。若任其增长又将如何？每增添一份财富，便增添一份恐惧。
>
> ——《致卢基利乌斯书信集》，塞涅卡，第十九封，第八条

在塞涅卡生活时代[①]的罗马，命运女神福尔图娜（Fortuna）

① 塞涅卡生卒年份：公元前 4—65 年。（译者注）

几乎无处不在。无论是街头雕像还是钱币图案，罗马人似乎对她格外痴迷。为何如此？因为她既掌管好运，也主宰厄运。

罗马斯多葛学派认为命运（*fatum*，即 *amor fati*“热爱命运”这一表述的起源）早已由众神书写。众神为人类预设福祸，福尔图娜女神却随心所欲地支配这些安排。正因如此，人们对她格外虔诚。

若论哪位斯多葛哲人懂得拥有财富与恐惧失去的滋味，非当时世界首富塞涅卡莫属。这位历史上毁誉参半的哲学家是最优秀的斯多葛哲人，还是最糟糕的？他是否比爱比克泰德或马可·奥勒留更优秀？本文不会进行这些无意义的争论，而是专注于解析塞涅卡对依恋的见解，以及如何在两千年后的今天实践这些智慧。塞涅卡的见解确实能帮助我们改善与物质财富的关系。

> 我并非禁止你拥有财富，而是希望你能无畏地持有它们。达成此境唯有一法：确信自己即便失去财富也能活得幸福，时刻以它们终将离去的眼光看待它们。
>
> ——《致卢基利乌斯书信集》，塞涅卡，第十八封，第十三条

在本节开篇的摘录中，塞涅卡向卢基利乌斯揭示了富人们的普遍困境：财富越多，越害怕失去。然而，塞涅卡在上一段的摘录中已给出解决方法——关键不在于放弃财富，而在于无惧地持有。如何消除恐惧？要知道所有物终将离去，也就是说，我们终将不再拥有它们。

我认为，我们应该关注塞涅卡忠告中蕴含的三个关键点，努力将其内化于心并付诸实践：

1. 塞涅卡不禁止物质拥有，但强调拥有而不怕失去。
2. 只有深信有一天我们会失去所有，才能破除这种恐惧。
3. 只有我们学会以终将失去的眼光看待万物，才能深信有一天我们会失去所有。

与犬儒学派不同，塞涅卡认为拥有财富本身无损德行。真正会让我们远离美德的是我们与财富之间的关系。在本章关注的问题上，这种关系还会决定我们对财富的依恋程度。

所有的依恋关系都有一个共同因素——害怕失去。正如塞涅卡警示卢基利乌斯的：恐惧失去自己所依恋的财产，是焦虑痛苦的根源（我们在本章前面看到的）。因此斯多葛学派（在本节中尤其是塞涅卡）倡导接受万物无常的本质，承认失去是生命必然。要想做到塞涅卡所提倡的，唯一的方法是接受人生本如此，有得必有失，所有物也不例外。

在第 18 封信第 10 条中，塞涅卡向卢基利乌斯解释道："清水、麦粥或粗麦面包本身不带来快乐，真正的愉悦在于从这些事物中汲取快乐，达到任何厄运都无法撼动的状态。"

能给我们带来喜悦或忧伤的事物，本身不善不恶，关键在于我们如何理解，如何与之相处。作家尤瓦尔·哈拉里（Yuval Noah Harari）曾指出：美元或欧元本身毫无价值，是人类赋予其意义。钱财本无善恶，是我们对钱的理解和使用方式，让它有了善恶之分。当然，偏好有钱而不是没钱是正常的。然而，正如两千年前的塞涅卡所知，并且如今我们也确信不疑，巨额财富毁掉了无数人的人生与品性。

如何说服自己终将失去一切？再一次使用那个无可辩驳的证据——生命。生命之中，万物皆无常，有来必有往。哪些实践练习能帮助我们呢？接下来的练习将帮助我们接受生命转瞬即逝的本质。

实践练习

★第一个实践练习：反思依恋

此刻，不妨花几分钟思考：当下的生活中，是什么让你过度依恋？什么让你痛苦？或许是刚刚失去挚爱，或是想象与宠物永别，也可能是永久迁离故乡。无论何种情形，请详细记录并自问：

- 为什么在当前生活中感到过度依恋？
- 这些依恋的某些模式是否可追溯至童年或青少年时期？
- 过去失去某人某物时感受如何？
- 若尝试减轻或消除某些依恋，最糟会发生什么？
- 在面对依恋情绪时，什么是你完全可控的？

请先思考这些问题，再继续阅读。若你难以理解自身与依恋情绪的关系，或因之前从未思考过而感到吃力，先思考下面这个问题，可以帮助你回答上面的问题：哪些迹象能帮助我们辨别健康依恋正演变为不健康的依赖？

主要有三大信号[①]：

① Hooley, J. M., y Wilson-Murphy, M. (2012). Adult attachment to transitional objects and borderline personality disorder. *Journal of Personality Disorders*, 26 (2), 179-191. DOI: 10.1521/pedi. 2012.26.2.179.

- 为维系依恋关系过度付出。危险信号之一是为维持亲密关系过度用力。倘若你察觉到自己始终在竭力靠近某个人，即便对方已然伤害到你，依旧停不下靠近的脚步，此时就必须提高警觉了。我们就好像死死抓着一根烧得通红的钉子，仅仅是想到可能会与对方分开，内心便会涌起强烈的焦虑，孤独感与被抛弃感也随之而来，甚至错误地认为，一旦失去这个人，自己就会在这世上孤立无援，形单影只。
- 将依恋对象作为护盾。另一危险信号是，将依恋的人或物当作安全感的来源。依恋的人或物带来的安全感，让我们感到有信心进行某些日常事务。如果没有这份安全感，我们绝不敢尝试。一旦我们所依恋的这些人或事物从生活中消失，我们就会变得畏缩不前，不敢踏出安全区半步。如果某人甚至是某件物品所带来的安全感，已经成为我们进行基本日常事务的必要前提，那么此时，我们就必须对自身状态做出调整了。
- 持续寻求庇护。在生活中，我们难免会有需要寻求帮助的时候。要是每次情绪出现波动，我们都习惯性地向特定的人或物寻求慰藉，那么这种行为模式就值得我们去反思了，并且需要适时调整我们与这些对象之间的依恋关系。

理解了感到依恋是人之常情，看了需要注意哪些信号以对依恋关系做出调整，接下来我们继续探究斯多葛学派对物质与人际依恋的见解和实践方法。

★第二个实践练习：反思无常

我们可以每天花几分钟时间，反思周围一切事物的短暂本质，并思考我们身体状态的变化无常。从我们出生到现在，身体经历了多少次变化，又是如何随着时间改变的。我们还可以思考思想和情绪是如何来也匆匆、去也匆匆的；过去几年中我们有过哪些关系，它们又是如何从我们的生活中消失的；以及什么物质财富我们曾经拥有，如今已不复存在。

我们甚至能实时目睹变化与无常。若尚未学会内观自心，不妨推窗远望——看行人匆匆、车流穿梭、飞鸟掠过，不出几秒，眼前景象已全然不同，而一分钟后，又会再次改变。

★第三个实践练习：观察自然

另一个非常有效的方法是观察自然，自然是最好的老师。我们可以思考一年四季的变化，以及同一片风景如何随着季节的不同而改变。自然持续有效地提醒我们，万物变化无常。斯多葛学派的哲学家，如赫拉克利特，将生命的流动比作一条奔腾不息的河流。

> 人类生命的时间，不过是一个点；其本质，如水般流动。
>
> ——《沉思录》，马可·奥勒留，第二卷，第十七条

> 我们中没有一个人在年老时与年轻时是相同的，我们中没有一个人在今天的早晨与昨天是相同的。我们的身体像湍急的河流一样奔流不息。你所看到的一切，无论是什么，都在随时间流逝，我们所见的任何事物都不会持久，甚至在我

谈论事物变化的同时，我自己也已经发生了变化。”

——《致卢基利乌斯书信集》，塞涅卡，第五十八封，第二十二条

第四项练习：学会接纳与放手

最后这项练习（或许是最重要的）是由马可·奥勒留在《沉思录》第八卷第33条提出的，帮助我们处理依恋并理解万物无常的真理：“谦逊接纳，淡然放手”。

哲学家皇帝马可·奥勒留用短短几个字，道出可终生修炼的练习。这既是对待人生得失的指南，也浓缩了马可·奥勒留斯多葛思想的两大核心：谦卑与接纳。

他提醒我们，当获得成就、财物或赞誉时，切莫自我膨胀，落入傲慢的陷阱，而应以谦逊姿态接收，明白所得不会使我们高人一等（也不必自惭形秽）。这位斯多葛皇帝深知，傲慢会滋生虚幻的优越感，使人丧失判断力，让人感觉飘飘然，无法脚踏实地。只有认知自己不过是宇宙中平等接受馈赠与剥夺的渺小存在，才能保持这份谦卑。

实践谦逊接纳的方法：每当获得赞誉、收到礼物或达成目标时，静心片刻默默感恩，同时警惕自我膨胀。可默念：“我感激这份馈赠，但它不能定义我”或“获得此物不会使我优于或逊于他人”。

另一方面，当是时候该放下了或面临失去时，马可·奥勒留告诫我们不必哀叹或紧抓不放，而应感恩曾经的拥有——正如本章反复强调的：万物皆无常。理解这种无常性，是获得内心安宁的关键。

要练习感恩地放手，可选择一件有特殊依恋情感或好感的物品考虑捐赠。谨言慎行的爱比克泰德常建议学生：不必从最

难处入手，当从最简单的开始。不必先赠送最珍视的物品，可从每天见却不常用的物品开始。每月（或自定义周期）捐赠一件我们认为珍贵的物品，行动前可想想其无常性并告诉自己："我珍视它对我的意义，但现在是放手的时刻。"

若不想从捐赠开始，还有更简单的练习：尝试短暂分离。主动与自己认为珍贵的物品分开一段时间。比如，如果珍视手机，可尝试将其留在家中一两天，或交由他人保管数日，体会分离期间的感受。这将初步证明：我们的生活完全可以延续，无须依赖此物。

在结束本节前，我必须建议：实践这些练习时请保持耐心，并友善对待自己。改变与事物的关系无法一蹴而就，至于人际依恋的调整——正如后文将述——更需要循序渐进。

人际依恋

如果说我们与物质财富的依恋关系已经很难处理，那么当谈到与人的依恋关系时，这种困难更会加倍。

人是我们生活中最重要的存在。我们是社会性动物，人际关系的质量（而非数量）极大地影响着我们的幸福感。从出生的那一刻起，我们就与他人接触。我们相互联系，分享经验，成长发展，繁衍后代，最终走向死亡。在这其中，理解生命的各个阶段非常关键，尤其是死亡这一阶段。

马可·奥勒留曾这样完美地阐述：

> 不要轻视死亡；相反，应该愉快地接受它，因为死亡也是顺从自然的事情之一。死亡就像青春、老年、成长、壮年、

> 长牙、长胡须、生白发、受孕、怀孕、分娩一样，都是生命周期里的自然活动。因此，理智的人面对死亡时，不应抱有敌意、急躁不安或不屑一顾，而应当像迎接其他自然活动那样，静静等待死亡的到来。
>
> ——《沉思录》，马可·奥勒留，第九卷，第三条

正如我们在前一节中看到的，从马可·奥勒留的摘录中，我们也可以推测，生命的无常和短暂性在理解人际依恋关系中起着至关重要的作用。尽管在如何面对至亲离世的章节中，我将深入探讨这一问题，但在这里，我会简要说明在理解人际关系中的依恋时，斯多葛哲学家们给我们的启示。

塞涅卡创作了很多关于如何面对逆境的文章。尤其是在他的《告慰书》（*Consolaciones*）中，对我们所爱之人的离世和分离这一主题进行了深入剖析。他指出，正如命运随时可能将他们带入我们的生活一样，它也可能毫无预警地将他们从我们身边夺走。

> 逆境从未压垮任何人，除了被它先以顺境欺骗了的人。那些将命运的馈赠视为永恒的人，那些因这些馈赠而希望被仰慕的人，当这些虚幻且易逝的快乐抛弃了他们那轻浮而幼稚的灵魂时，他们会感到崩溃和痛苦，因为他们完全不了解什么是稳定的快乐。相反，那些在顺境中不自大的人，在逆境中也不会退缩。
>
> ——《致赫尔维亚的告慰书》，塞涅卡，第五篇，第四条

这里并不是说我们不应该对他人或财物有感情，而是说我

们不应该认为他们永远属于我们。培养一种超然的态度并不意味着我们要孤立自己，放弃我们最珍视的关系，而是要与特定的人建立一种健康且清醒的关系，意识到有一天他们会离开我们，或者我们会离开他们。

我们是社会性和情感性的生物，因此，对某个人产生依恋是完全正常的，就像我们对孩子自然而然会产生依恋。我认为，如果对自己的孩子、家人、伴侣等没有依恋感，恐怕心理上是存在一些问题的。不过，我们在享受这份依恋带来的温暖时，也须清醒地意识到，生命有限，我们终有一死，我们所依恋的人同样如此。当我们与他人交往时，最好牢记这一点。毕竟从我们呱呱坠地的那一刻起，就开始走向死亡。

> 一个自认为是人的人，不应该过分担心生命的长度，也不应该对生命有过度的依恋。
>
> ——《沉思录》，马可·奥勒留，第七卷，第四十六条

正如我一直坚持说的，意识到所爱之人终有一死并不是为了折磨我们，而是为了让我们更好地珍惜当下，成为更好的人。

当我女儿朱莉娅出生，离开医院后，我回到家做的第一件事就是打印一张我的“生命日历‘铭记死亡（*memento mori*）’”。上面写着爱比克泰德的一句话：“每次亲吻你的孩子时，都要想到你正在亲吻一个终有一死的人。”

我敢毫不畏惧地说，没有任何一种想法或实践，比这更有助于我成为一位好父亲。或许读者会觉得，我是在重复自己在《屹立不倒》一书中提到的“铭记死亡”（*memento mori*）的理念。没错，确实如此。我之所以反复强调它，是因为我坚信这

是一个我们必须不断自我提醒的基本观念。不仅是在两本书中，而是每天都要重复。重复理念并不断练习，会让我们对这些理念有更深刻的理解，并最终掌握它们。

每天提醒自己死亡的存在，不仅是我们自己的死亡，还有所爱之人的死亡。这样做能让我们意识到生命的有限性，意识到大自然和命运女神福尔图娜终有一天会把他们从我们身边夺走。由此，我们会更加珍惜他们，与他们共度更令人难忘的时光。所以，这种健康地去做依恋练习，并不会导致我们与所爱之人疏远，恰恰相反，当我们与他们在一起时，它能让我们更加珍惜彼此。

> 要想过上顺遂的生活，需要掌握的原则其实很少。
>
> ——《沉思录》马可·奥勒留，第二卷，第五条

马可·奥勒留曾说，我们不应该用过多的原则让生活变得过于复杂。实际上，我们需要牢记的原则很少。在这一章中，你需要记住的基本原则是：依恋是完全正常的，我们务必时刻意识到无常的存在，以此作为对过度依恋这种“毒药”的解药。

我们所拥有的一切，我们所成为的一切，都会被时间的流逝带走。我们可以在自己身上观察到这一点，也可以在别人的生活中看到。如果我们明白这一点，就会更加珍惜我们所拥有的，以符合美德的方式享受它，并为平静地失去它做好准备。当然，失去依然会带来痛苦，但我们会拥有更多的工具来面对这种痛苦。

既然我们自己都是无常的，又怎么能期望其他一切是永恒的呢？

> 任何你拥有所有权的东西都在你手中，但并不真正属于你；对于一个无常的存在来说，没有什么是不变的；对于一个脆弱的存在来说，没有什么是不朽且不可动摇的。
>
> ——《致卢基利乌斯书信集》，塞涅卡，第九十八封，第十条

在本章中，我们探讨了以下内容：

- 我们与同一个物体或人之间可以有多种不同的关系。我们可以不顾一切地紧抓不放，或者我们可以意识到，无论如何，生活终将把他从我们身边带走。
- 依恋是人类的天性，依恋关系从童年时期开始建立。早期的依恋关系塑造了未来我们与他人和物品的关系。
- 依恋不是“坏事”。它给我们带来满足感、情感支持，并且会影响我们的决策。
- 我们需要注意非理性信念，以及我们何时向他人或物品寻求庇护和保护。因为这些想法或依赖会使我们因害怕失去而感到极度痛苦和担忧。
- 斯多葛哲学家们发展出了一些实践方法，帮助我们面对失去拥有物和生活中重要之人的恐惧。
- 这些实践的关键在于，深刻内化生命中一切都是无常的这一理念，并认识到我们会在某一天突然失去所拥有的一切。

5. 焦虑：一种提前的痛苦

不要为未来的事担忧。如果一定会发生，你会用现在应对当前事务的武器去面对它。

——《沉思录》，马可·奥勒留，第七卷，第八条

像每个夜晚一样，马可·奥勒留在坐下来写作之前，准备从脑海中回顾自己的一天。刚刚过去的一天比平常更加艰难。他感到自己年老体弱，虚弱无力。

他点燃了一盏油灯，闭上眼睛，专注于内心的平静。他开始回顾当天所做的每一件事。渐渐意识到自己在面对关于妻子和亲信将军背叛的谣言时，过度陷入了黑暗的思绪中。

他喜欢想象自己变成一只鹰（朱庇特[①]的象征），飞升超越这些世俗的忧虑。随着他在天空中升起，他的思绪也在上升。他开始意识到自己的焦虑是多么渺小、多么平凡，他想到人类面临的问题多么短暂。他几乎无法轻易回忆起几周前的烦恼。

在 21 世纪，每个人都应对过焦虑。无论程度如何，我们都感到自己生活在持续的压力下。我们必须成为最好的专业人士、最好的父母、最好的朋友、地球上最好的公民。我们必须每天完成自己设定的所有任务。我们必须在每一件事上都做到完美，

① 古罗马神话中的众神之王，相对应于古希腊神话中的宙斯。（译者注）

防止如果达不到一个实际上没有人确切知道的标准，就会被认为平庸或不够格。

这当然会导致我们担忧无法达到他人对我们的期望。其中一些担忧非常现实，比如可能会生病，但另一些则不然，比如可能在这个世界上孤独终老。正如塞涅卡所说："我们常常在想象中比在现实中遭受更多的痛苦。"

西班牙皇家语言学院将焦虑定义为"一种内心的不安、烦躁或忧虑的状态"。而知名杂志《今日心理学》（*Psychology Today*）则将其描述为"担忧、紧张或恐惧的感觉"。有人说，抑郁是由于过多地考虑过去，而焦虑则是过多地考虑未来。尽管这种说法可能有一定道理，但焦虑是什么要比这些定义复杂得多。

当我写这一章时，我也感到了焦虑。我研究了这么长时间，收集了这么多关于它的信息，我感到不知所措：定义、症状、统计数据、斯多葛主义的实践和现代疗法……我手头的内容足以写成一整本书。如何将所有内容压缩成一章？如果我提供了错误的信息，怎么办？如果我写错了，写出什么荒谬的内容，怎么办？如果它对任何人都没有帮助，怎么办？

我不仅在写这一章时有上述这些想法，而且在整本书的写作过程中都有。令我感到好奇的是，在写关于愤怒的内容时，我并没有感到愤怒；在写关于恐惧的内容时，我也没有感到恐惧。然而，当我敲下"焦虑"这个词以及与之相关的一切时，我确实感受到了一种轻微的焦虑。它就在那里，我感觉到它在我的胸口周围，像一种轻微的压力。因此，根据这种体验，我认为，虽然焦虑与未来有关，但焦虑比"过多地考虑未来"更为复杂。

与此同时，我问自己：我感受到的这种轻微的焦虑是坏事吗？经过思考，我认为不是，因为正是焦虑推动我尽可能好地写这一章，让我严谨，让我把知识的精华呈现出来，让我分享我知道的最好的实践练习。如果我没有感受到这种轻微的压力，就说明我不够关心这一章，不想尽我所能把它写到最好。

> 我不认识任何从未感受过焦虑的人。我们都感受过焦虑。问题在于它会持续多久以及出现的频率。
>
> ——《松绑你的焦虑习惯》（*Deshacer la ansiedad*），
>
> 贾德森·布鲁尔（Judson Brewer）

事实上，心理学领域存在一种共识：轻微的焦虑并不一定是坏事。就像我们在本书中讨论的所有“激烈情绪”一样，焦虑本身并不是坏的。它是我们大脑提供的信息，能帮助我们生存下去。尽管焦虑是一种令人不适的感觉，但它是自然的，甚至在有些情况下是有效的。焦虑让我们意识到有些事情需要关注，有些危险需要当心，让我们意识到，是时候在生活中做出一些改变了。正如常言所说，药毒不毒在于剂量。

以我写这一章为例，我感谢当时的焦虑，因为它促使我做得更好。如果我大部分时间都感到焦虑，那就会成为问题，但事实并非如此。无论如何，不可否认的是，焦虑是一个全球性问题，因为越来越多的人表示他们经常感受到高度焦虑。

让我们来看一些统计数据，以便更好地理解本章的背景：

- 西班牙是世界上消费抗焦虑药物最多的国家。西班牙是安定（地西泮）服用最多的国家，其次是葡萄牙、黑山和波黑。
- 在西班牙，过去十年中，安定的消费量从 2011 年的每千居民每日 6.9 剂增加到 2021 年的近 11 剂，几乎翻了一番。

- 西班牙的镇静催眠药物服用量达到了历史最高水平：无论是否有处方，16 ~ 65 岁人口中有 23.5% 的人曾经服用过这类药物，而在过去一年中，有 71.2 万人开始使用这类药物。
- 抗焦虑药物是西班牙人服用最多的药物，其服用量在过去十年中从每千居民每日 54.9 剂增加到 59.2 剂（见下图）。

来源：西班牙药品和医疗器械管理局（Agencia Española de Medicamentos y Productos Sanitarios）（原文 p141）

从上表中很容易看出，自 2020 年以来，抗焦虑药物的使用量急剧上升。虽然无法确切知道原因，但一个合理的解释可能是 2020 年 3 月暴发的新冠疫情[①]。事实上，全球范围内，有抑郁症状的人数从大约 1.93 亿人增加到 2.46 亿人，增长了约 28%。同时，确诊焦虑障碍的人数从大约 2.98 亿人增加到 3.74 亿人，增长了 25%。

不过，我们不必再深入探讨这个问题了。我们已经看到，确诊焦虑症的人数以及抗焦虑药物的使用量每年都在激增，因

① 西班牙 2020 年 1 月 31 日发现第一例感染病例，2 月 26 日发现第一例本土病例，3 月初开始封控措施。（译者注）

此没必要逐一分析所有数据。接下来，让我们看看焦虑的症状是什么，最重要的是，如何开始应对焦虑。

症状、灾难化与不确定性

根据布鲁尔的研究，焦虑主要表现为两种症状：认知症状与躯体症状，二者可能同时出现。通常情况下，最常见的症状是强烈的担忧和夸大可怕结果的预测。轻度焦虑时，人会感到压力、焦躁与不安；中度状态下，会出现持续注意力不集中和情绪管理困难；而重度焦虑则伴随睡眠问题、疲劳、胃痛、明显无法放松甚至持续偏头痛[①]。偶尔感到焦虑是正常的，但长期处于这种状态则须警惕。

临床上，当担忧程度远超实际情境所需，换言之，当一个人内心的不安、焦躁或忧虑严重超出其实际面临的挑战，且持续数周甚至数月时，焦虑会被定义为广泛性焦虑障碍。以上情况描述与一个关键概念相关："灾难化"（la catastrofización）。

这一术语由理性情绪行为疗法创始人阿尔伯特·埃利斯（Albert Ellis）提出，其理论深受斯多葛哲学影响。灾难化被定义为一种无意识扭曲现实的认知模式，其特征是过度放大最坏情况发生的可能性。换句话说，陷入"灾难化"思维的人会坚信最糟糕的结果必然会发生，且后果远比想象的更严重。

但并非全是坏消息——若说有人找到了对抗灾难的解药，除了阿尔伯特·埃利斯，另一位便是马可·奥勒留。

① Prieto Peres, M. F. et al. (2017). Anxiety and depression symptoms and migraine: a symptom-based approach research. *The Journal of Headache and Pain, 18* (1). DOI: 10.1186/s10194-017-0742-1.

面对可能带来不利后果的情境，马可·奥勒留通过训练自己客观看待事物本质，剥离了情绪化的夸张想象。他认为，将问题简化为当下的事实，能更有效地处理思绪，平息对虚构未来的焦虑。

> 别让对整个人生的幻想扰乱你。不要纠结于未来可能遭遇多少磨难，而应在每一次困境中自问：这件事中真正无法忍受的部分是什么？你会羞愧地发现答案。记住：烦扰你的从来不是过去或未来，唯有当下。
>
> ——《沉思录》马可·奥勒留，第八卷，第三十六条

在这段文字中，马可·奥勒留告诫自己不要沉溺于未来可能降临的厄运，而应全然聚焦此刻。如此便会发现，现实远没有想象中那般难以承受。

相似地，塞涅卡在《致卢基利乌斯书信集》第 13 封中写道“不必提前承受不幸”，毕竟多数令人煎熬的事或许永远不会发生。他提出了一个相似的练习，建议与自我对话，问自己如何知道困扰之事是否真实存在。塞涅卡还给出了解决方案：“如果你的身体健康无恙，此刻未被痛苦侵袭，未来的问题未来再考虑吧。”这与马可·奥勒留的实践如出一辙：审视当下，明确此刻究竟承受着何种真实的痛苦。

当我写到这时，开始想象人生中可能发生什么灾难：绝症、至亲离世、破产、致命疫情、房屋倒塌、内战、世界大战……可能性无穷无尽，还有很多灾难是我没有想到的。

若回到此刻自问：“此刻我的生活究竟哪里糟糕？”实际上，一点也不糟糕。我正手捧热咖啡写作，耳边萦绕着舒缓的

音乐。上文所列危机在未来都有可能发生，其中某些一定会发生，但它们不该剥夺我此刻的生活。我得出这个结论是因为我正在做着马可·奥勒留提出的练习：不去想象什么可能发生，自问什么正在发生。

> 别再允许你的内心向导沦为奴隶，被自私的本能如木偶般操控，也不要对现状愤懑或对未来疑惧。
>
> ——《沉思录》，马可·奥勒留，第二卷，第二条

虽然我稍后会深入探讨这个练习的不同版本，但让我们先停下来，用以下问题思考一下马可·奥勒留的话：此时此刻，你的生活中到底有什么真正糟糕的事情？

当然，我知道，有的答案会是：目前很糟糕。有些读者目前身处困境，我希望这本书能有所帮助。然而，在其余情况下，答案通常是：事情并没有我们想象得那么糟糕。为何仍深陷忧虑？答案可能在于一个一直陪伴着我们的忠实伙伴——不确定性。

> 我们恐惧不确定的事，仿佛它们已是定局。
>
> ——《致卢基利乌斯书信集》，塞涅卡，
>
> 第十三封，第十三条

不确定性一次又一次地告诉我们：没有事物永远顺遂我们的心意。认识到这一点让我们对未来心生恐惧[1]：我会过得好

① Dickson, K. S., Ciesla, J. A., y Reilly, L. C. (2012). Rumination, worry, cognitive avoidance, and behavioral avoidance: examination of temporal effects. *Behavior Therapy*, 43 (3), 629-640. DOI: 10.1016/j.beth.2011.11.002.

吗？会生病吗？会被解雇吗？孩子会出事吗？

我们永远不知道下一秒、十分钟后或明天会发生什么。不知道会接到一个带来噩耗还是喜讯的电话。这种未知感吞噬着我们。我们的大脑会紧紧抓住已知的事物，抓住那些它认为安全的东西。因此，当我们感到焦虑、焦躁或有压力时，往往会“逃向”让我们感觉更好、更有安全感的行为：刷手机、吃东西、抽烟……我们渴望用即刻的满足感逃离当下的困扰。

问题在于，这种“解决方案”只是暂时的——我们迟早要面对试图逃避的现实。而人类天性中最想逃避的，恰恰是改变。为什么？因为改变总与不确定性同行。我们不知道改变会带来什么，这种未知催生了反刍思维、焦虑与担忧。

尽管我们想逃避改变，但是我们要知道：唯一不变的就是变化本身（正如前一章关于“依恋”的讨论）。不确定性带来改变，它始终存在且永不停息。最明智的是拥抱改变而不是抗拒它。因此，需要制定策略来学习如何应对改变，专注于真正可控之事。

斯多葛学派哲学家生活在流放频发的时代，他们在应对不确定性上绝对是典范。被流放者不知道自己会去向何方、什么时候去、停留多久、遭遇什么，这是最极致的不确定。爱比克泰德被图密善（Domiciano）驱逐出罗马；塞涅卡在科西嘉岛流放八年期间，写信告诉母亲赫尔维娅他如何面对不确定性：

> 罗马最博学的瓦罗（Varrón）认为这件事足以治愈人心，无论身处何地，我们需要遵守同一个自然法则；马尔库斯·布鲁托（Marco Bruto）主张流放者只需带着美德同行。即使有人认为这些单独的观点不足以慰藉流放者，也会承认二者结合很有力量。我们失去的何其微小！无论去往何处，

两样最珍贵的东西始终相伴：普世自然法则与个人美德。

塞涅卡建议我们，面对改变与不确定时，应坚守自然法则与个人美德。他认为“永远不要等到完全确定一切再行动”。我们无法等到知晓所有答案，因此唯一的出路就是把握可控之事：接受自然规律，践行美德。

> 我们就是这样播种、航行、结婚、生子的。在所有这些事情中，结果都是不确定的。我们依然决定采取行动，因为我们相信，这些行动可以带来一些希望。我们跟随好的理由前行，而不是确定的真理。
>
> ——《论恩惠》(*Sobre los beneficios*)，塞涅卡，第四卷，第三章，第二十二条

爱比克泰德提醒自己“专注于那些最适合的事情（美德、自己能控制的事情），以便实现符合自然的事情”。而马可·奥勒留则给自己写道：“如果对于相同的元素来说，它们彼此转化并不可怕，那我们为什么要害怕万物的变化和消解呢？因为这是符合自然的，而符合自然的事情并没有什么不好。”

斯多葛哲人早已看清真相：无论多么努力，我们都无法掌控不确定性与改变。这就是自然法则，这就是人生。因此，我们唯一能做的是学会与之共存，培养在不确定的海洋中航行的心理策略，专注于可控之事。当通过耐心实践将这种行为方式内化，焦虑会逐渐消退，我们也越来越能控制自己。

在讨论最后一个对我们极其有害的现象——反刍思维之前，我想提出几个问题，希望能帮助我们从一个不同的角度看待焦

虑和不确定性：

- 最近你逃避或努力面对了哪些担忧？
- 逃避担忧对你有什么帮助吗？
- 在当下这个充满不确定性的时刻，什么是你能控制的？
- 为了学会与不确定性共舞，你能实践的第一个小步骤是什么？

反刍思维：脑海中的疯子

反刍思维（rumiación）是永远停不下来的内心声音。圣女特蕾莎（Santa Teresa）称之为“家里的疯子”，为了致敬我的老乡曼切戈人何塞·莫塔（José Mota），我称反刍思维为“烦人精”。

散文家皮埃尔·阿多（Pierre Hadot）将斯多葛主义定义为“掌控内心对话的艺术”。因此，顺着这个思路，斯多葛哲学很大程度上就是驯服“烦人精”。

反刍思维的本质是重复循环的念头。当我们意识到自己长时间困在同样的想法中时，就能发现自己正在反刍（我知道这听起来既重复又矛盾）。如果这些想法是负面的——在我们的讨论背景下通常如此——会引发负面情绪，引人担忧、痛苦，最终导致焦虑甚至抑郁。

反刍思维另一个值得注意的问题是：它不仅会引发焦虑或抑郁，长期来看，还可能对健康造成影响，引起心血管疾病和其他慢性疾病[①]。因此，为了停止这种有害健康的思维循环，弄

---

① Querstret, D. y Cropley, M. (2013). Assessing treatments used to reduce rumination and/or worry: a systematic review. *Clinical Psychology Review, 33* (8), 996-1.009. DOI: 10.1016/j.cpr.2013.08. 004.

清我们能控制什么至关重要。人们对如何减少担忧和反刍思维进行大量研究后，结论显示：基于正念的认知行为干预能有效解决这两个问题。

尽管接下来的实践练习部分会深入探讨正念训练，但这里先简要介绍几个方法：

- 第一步是觉察到自己陷入了思维循环，因为如果我们意识不到，就永远无法停止它。一旦觉察到，就可以尝试不同策略。
- 改变思维方式或切断情绪反应的练习很有用（例如通过正念技巧，下文会具体说明）。
- 比如，我们可以通过分散注意力的活动来弱化负面信息。需要动手的活动效果尤其明显，比如做饭、绘画、做园艺或拼图。总之，任何需要手眼协调的活动都很有用。对我个人而言，用实体棋盘下国际象棋帮助极大，因为我必须全神贯注，不能胡思乱想，否则三分钟内就会输掉。
- 基于上一点，另一种有效方法是改变环境并动起来，做些需要专注的事。国际象棋、巴西柔术和太极拳世界冠军约书亚·维茨金（Joshua Waitzkin）有个我经常实践且效果惊人的原则："当你无法改变心理状态时，就改变生理状态。"这意味着，如果我们无法改变想法，就换个地方和环境：去大自然中跑步（大城市居民可以去公园）、游泳、举重……本质上就是切换场景和活动，理想情况是选择需要全神贯注的活动。正如我在讲述恐惧的那一章所说，攀岩能让我瞬间进入另一种心理状态。反之，若持续陷在负面思维循环中，我很快就会崩溃。

当我们能通过心理或物理手段停止思维循环、转移注意力时，负面想法就会减弱。当然，这不是说我们会立刻变得快乐、生活马上变得美好。

我想强调，这是应对焦虑的第一步，而且我们必须明白这条路漫长而崎岖。拖延行动不会让它变短或变轻松。所以，现在就开始行动吧！

管理焦虑的实践练习

到目前为止，我们已经了解了什么是焦虑、什么可能引发焦虑，以及为什么灾难化思维、不确定性和反刍思维在触发焦虑水平中起着决定性作用。接下来，我们将介绍一些实用的方法，帮助更好地管理焦虑。和以往一样，我鼓励读者将这些方法视为生活中的实验。我建议大家尝试以下练习，花些时间，强化效果最好的练习，并根据个人情况调整。

当然，我必须强调，这些练习并不是医疗建议，也不能替代专业人士的帮助。如果这些练习对尝试者没有帮助，我建议去咨询专业人士。

★第一个实践练习：记录焦虑

对于第一个练习，我认为可以采用与治疗成瘾行为类似的方法：记录你感到焦虑的次数。记录我们在日常生活中感到焦虑的频率至关重要。

我选择这种方法是因为焦虑本身会让我们在不知不觉中产生成瘾行为。很多时候，我们暴饮暴食并不是因为饿，而是因为焦虑；我们查看手机并不是因为有急事要处理，而是因为焦虑驱使我们这样做；喝酒或抽烟的人，并不是因为身体真的需要，而是因为这是他们调节焦虑的方式。这形成了一个难以打破的循环。

当我们想通过减少热量摄入来减肥、查看自己花了多少时间玩手机，或者想在健身房提高举重成绩时，记录热量、时间和重量是进步的关键。同样，当我们想减少焦虑时，记录每天感到焦虑的次数和原因也很重要：反思是什么让我们感到焦虑、我们具体感受到了什么、哪个部位感到焦虑，以及我们有哪些行为。

为了让这种方法更有效，我们还需要为焦虑后的行为提供替代方案。大脑在感到焦虑时，会紧紧抓住让它有安全感的事。如果我们不为焦虑后的行为提供替代方案，大脑就会继续做它习惯的事情。如果我们给大脑一条不同的路径，并通过实践加以强化，惯常的焦虑后，就会逐渐转向新的行为。

使用类似下面的表格（如有雷同，纯属巧合）会非常有帮助。读者可以填写空白处的内容，用自己的例子开始练习。

感到焦虑的时间	焦虑的触发点	感到焦虑的部位	我的行为	替代行为
早上 10:42	我不知道如何把这章写下去	胸部正中间	刷 Instagram（照片墙）	做 10 次深呼吸

（原文 p156）这种记录可以写在笔记本或手机上。理想情况下，尤其是当焦虑让我们频繁查看手机时，手边最好准备一个笔记本或一张小纸片来记录这些内容。

通过这个练习，我们将培养出一项对生活中所有领域都非常重要且能帮助我们更好地了解自己的技能：自我觉察。如果我们定期关注自己，就会开始理解是什么让我们感到焦虑，尤其是焦虑驱使我们采取了哪些行为：我们是去打开冰箱、在网上冲动购物、疯狂刷社交媒体、点上一支烟、拖延并自责，还是对自己说负面的话？如果我们意识到自己陷入了这种循环，就能找到解决办法。接下来，我们将介绍一个非常有用且实用的补充练习，帮助切断这种循环。

★第二个实践练习：切断循环

总的来说，能够引发焦虑的事情的特点是，我们关心其结果但无法控制，比如焦虑事情的结果不是我们期待的那样，甚至对我们有害。在完成第一个练习后，接下来我们一起进行第二个练习。这是我们在上一节中简单提到的正念练习，现在我们就来详细展开。为了便于理解，请允许我用第二人称与你对话。

回想一下让你感到焦虑的情境：一封难以回复的邮件、一场拖延已久的对话、一份医疗诊断、一张空白的纸等。正如前文所说，我们通常会通过逃避来避免面对这些情境，转而去做一些大脑认为更安全的事情：看新闻、读报纸、刷社交媒体、从冰箱里拿点吃的……逃避的方式因人而异。问题是，正如我之前提到的，这种逃避只是暂时的。引发焦虑的情境依然存在，甚至可能变得更加严重。

也许在逃避任务时，我们会暂时感到焦虑减轻，但它最终会卷土重来。

如果你将美妙的歌曲分解成每一个音符，并逐一问自己

> 单个音符是否动听，你的评价会很低，这是因为你会感到厌烦，对于舞蹈和摔跤比赛也是同样的道理。如果你把舞蹈切成单个动作或姿态，再逐一问自己是否喜欢……记住，要细致地分析事物，分解分析后会降低对它们的评价；将这种方法应用到你的整个生活中。
>
> ——《沉思录》，马可·奥勒留，第十一卷，第二条

马可·奥勒留在这个摘录中提供了一个有趣的练习，后来被认知行为疗法所采用：将问题或情境分解成更小的部分。如果一个任务、担忧或困境整体上让我们感到难以承受，那么将其分解并逐一解决，会使其更容易应对和管理。

例如，一个引发焦虑的情境可以分解为：

- 想法："我做不到""我会失败""他们会嘲笑我"。
- 感受：担忧，反刍思维，压力。
- 行为：逃避，回避问题，拖延。

这三个方面相互关联，以下四条分析可以帮助我们更好地理解：

- 焦虑的想法引发焦虑的感受。
- 焦虑的感受让我们试图逃避相关的行动或任务。
- 逃避行动又让我们产生相关想法，认为无法面对造成焦虑的场景。
- 这进一步引发内疚感，形成一个无限循环。

然而，在上述分析中，我们忽略了焦虑恶性循环最重要的因素：我们的注意力。我们把注意力放在哪里？很可能是在未来。我们一直在想可能会发生什么，在想那些可怕的场景会因为我们无法面对眼前的事情而出现。正如我们刚刚看到的，这只会让焦虑倍增。

那么，我们该怎么做？从最重要的事情开始，也就是焦虑夺走的能力开始：对当下的关注。

> 我们唯一可能被剥夺的只有当下，因为这是我们唯一拥有的东西；一个人无法失去他不拥有的东西。
>
> ——《沉思录》，马可·奥勒留，第二卷，第十四条

我们可以闭上眼睛，用鼻子吸气，然后缓慢而深长地呼气。理想情况下，呼气时间应该是吸气的两倍。例如，吸气 3 秒，呼气 6 秒。在几次呼吸后，我们将注意力集中在此时此地的现实：我们的身体、呼吸、姿势、周围的环境……然后，尽可能客观地观察我们的想法。

有什么证据表明事情真的那么糟糕？
事情仍然像我们认为的那样真实吗？
这些预测是真实的吗？
那些可怕的事情一定会发生，还是我们夸大了它的重要性？

我们不需要用虚假的乐观话语安慰自己，比如“一切都会好起来”或“不会有事的”。斯多葛学派建议使用更现实的话语：“我能挺过去”“可能没那么严重”“我不认为这会要了我的

命”“其实我不知道会发生什么”“我的生活还会继续，世界不会因此终结”“我正在培养应对它的能力”。

然后，我们睁开眼睛，重新感受当下的时间和地点：我们的身体、皮肤与衣物的接触、姿势、周围的环境。我们可以列举看到的东西、闻到的气味。这个练习可以在一天中多次进行，完成后，我们重新投入生活，更多地关注具体的事物，而不是我们的想法。

你不需要做到完美，只要尽力就好。开始之后，继续下去会更容易。迈出第一步，然后是第二步。步伐虽小，但要坚持。关注，接纳，不逃避，有勇气，有善意，有耐心，自律，坚持。

根据我的经验，做这个练习并不容易，这是因为我们的头脑非常擅长说服我们事情真的会像我们想象得那么糟糕，甚至更糟。通过练习这个技巧，并通过现实生活的实证，我们会逐渐发现，正如塞涅卡所说，相较于现实中所经历的痛苦，我们在想象中承受的煎熬往往更为频繁且深切。

★第三个实践练习：以第三人称与自己对话

> 今天我摆脱了困扰。或者说，我把困扰赶出了自己，因为它并非来自外界，而是存在于我的内心，藏在我的看法里。
>
> ——《沉思录》，马可·奥勒留，第九卷，第十三条

最近我意识到，我总用第一人称和自己对话：“这事我不能这么做”“下次我要这样处理”“只要下定决心，我就能做好”……这些例子看似随意，却代表了我一直以来自我对话的方式。据我研究，第一人称的自我对话确实最常见。马可·奥

勒留的许多文字（比如这个练习开篇的引文）也大多以第一人称书写。

用第一人称对话时，我们容易与自己的身份和传递的信息产生强烈共鸣。如果内容是积极的，是对自我成就的认可，这种共鸣能带来鼓舞；因为我们会过度认同那些想法和感受，如果是负面信息，则会让人深陷消极情绪。在焦虑状态下，以第一人称与自己对话甚至可能彻底摧毁我们的生活。

苏格拉底和现代认知心理学提出了一种新思路：用第三人称与自己对话。据柏拉图（Platón）和色诺芬（Jenofonte）所说，苏格拉底的智慧，很大程度上源于与他人的对话，包括与自己对话。如今，科学家伊戈尔·格罗斯曼（Igor Grossmann）有一个研究智慧的实验室，他表明，当分析他人的问题时，我们展现的智慧远胜于处理自身困境时。“当局者迷，旁观者清”的现象想必大家都不陌生——我们擅长给别人建议，却难以用同样的智慧指导自己的生活。正如那句谚语所言：“能给别人建议，自己却做不到。”

格罗斯曼将这种现象命名为“所罗门悖论”，致敬《圣经》中的那位国王。所罗门（Salomón）因其智慧和善于解决他人难题的能力而声名远扬，无数人慕名前来求教。然而，这位智者处理自身事务时屡屡失误，最终导致王朝衰落。因此，“所罗门悖论”揭示了轻松解决他人问题与无法处理自身困境之间的矛盾。

“所罗门悖论”的奇妙之处（也与苏格拉底的智慧相通）在于：通过第三人称视角与自己对话，我们能为自己提供更优质的建议，这也被称为“第三人称自称”（ileísmo）。历史学家第欧根尼·拉尔修（Diógenes Laercio）记载，当有人问犬儒学派创始人、苏格拉底最杰出的学生之一安提西尼（Antístenes）“从老师那里学到了什么”时，他回答：“学会了与自我对话。”

第三人称自称（也称作“他者视角自省”）代表以第三人称进行自我对话的能力。研究表明[①]，这种练习具有疗愈效果，尤其对缓解焦虑、悲伤、愤怒、愧疚等负面情绪效果显著。

如何将这种“第三人称自称”付诸实践？我主要通过两种方式来实现：

- 通过写日记。当我情绪激动时，我会用第三人称而非第一人称书写。这就像一种“鸟瞰视角[②]”，能帮助我与自己的情绪保持距离。比如，我不会写“我因为要录播客，写文章和拍摄要上传 YouTube 的视频而感到压力巨大”，而是写“佩佩因为要录播客，写文章和拍摄要上传 YouTube 的视频而感到压力巨大”。这种方式让我更容易知道应该给“压力巨大的佩佩”什么建议，就像对待朋友一样，“放轻松，没人逼你赶进度，是你自己给自己压力。其实你没什么真正的压力，也没人盯着你。享受这个过程吧，它其实很有趣，别让自己压力太大”。
- 通过语音留言。与第一种方式类似，但我不写下来，而是给自己发一条 WhatsApp 语音（我自己和自己一个群），对自己说出我会对一个朋友说的话。发送后再听这

① Wallace-Hadrill, S. M. A., y Kamboj, S. K. (2016).《The Impact of Perspective Change As a Cognitive Reappraisal Strategy on Affect: A Systematic Review》, *Frontiers in Psychology*, vol. 7, p. 1.715. Disponible en: <https://pubmed.ncbi.nlm.nih.gov/27867366/>.

② García, P. (2022). *Siempre en pie*. Plataforma Editorial.

条语音，不仅能鼓舞我，还能帮助我审视和改进自己的内心对话。这样，我不会对自己过于苛刻，而是像对待需要我帮助的朋友一样温柔对待自己、安慰自己、鼓励自己，并给出真正有用的建议。

不可否认，刚开始做这些练习时感觉“很奇怪”。用这种方式和自己对话让我觉得非常别扭。随着不断练习和重复，我逐渐改变了内心对话的方式，变得更像自己的朋友，对自己更友好了。我对自己说话的方式更好了，脑海里的“烦人精”也变得没那么烦人。

最后，我还是要强调，每个人都需要根据自己的实际情况尝试这些练习，找到最适合自己的。

衷心希望这些方法对你有帮助！

在本章中，我们探讨了以下内容：

- 什么是焦虑，以及西班牙人抗焦虑药物的服用量如何达到了历史最高水平。
- 焦虑的症状是什么，灾难化思维和不确定性如何加剧了这些症状。
- 为什么逃避问题只能带来短暂的缓解，却无法成为长期的解决方案。
- 反刍思维和过度纠结是如何困住我们的。
- 正念练习和第三人称自称等练习可以帮助我们打破思维循环，并以更健康的方式与自己对话。

6. 欲望：爬不完的阶梯

若我的一生
是一座阶梯，
我这一生都在
寻找下一个台阶。

——《后门小径》（*La vereda de la puerta de atrás*），
罗伯·伊涅斯塔（Robe Iniesta）

某个午后，两个男人在小镇的主街上相遇。其中一个很富有，住着豪宅，生意兴隆。他总是行色匆匆，脑海里塞满各种计划和账目。另一个过着俭朴生活，衣着朴素，永远带着温和的微笑与宁静的目光。

看到穷人笑，富人感到好奇，上前问道："每次见你都面带微笑，这是为什么？"

穷人注视着富人，答道："为什么不笑呢？"

富人略显诧异："我没有别的意思，但感觉你的生活过得并不算好。住着小房子，总穿同一件衣服，几乎没什么财产。"

"确实如此，我没有什么财产，但我有一个东西，即便你如此富有，也没有这样的东西。"穷人依然平和地回答道。

富人带着怀疑追问："那是什么？"

穷人的笑容愈发灿烂："知足。"

在这个时代，知道拥有的足够了或许是最难企及的境界。由此延伸，满足于自己已经获得的也非易事。“足够”与“满足”究竟意味着什么？让我们追溯词源。

“suficiente”（足够）源自拉丁语 *sufficiens*, *sufficientis*（足够的）源自动词 *sufficere*（足够）。*sufficere*（足够）与 *facere*（创造）同源。“Satisfecho”（满足）则来自拉丁语 *satisfactus*，由前缀 *satis*（充足）与动词 *facere*（实现）组成。

从词源可见，二者都指向“足够好地完成”或“做得足够”。这正是我时时提醒自己的理念，因为人类太容易被“更多”裹挟——做更多，索取更多，期待更多，渴求更多。我们永远在追寻，正如罗伯·伊涅斯塔所言，毕生都在寻找下一级台阶。

> 智者只需点滴即可幸福，而愚者永不餍足。正因如此，世人多陷苦海。
>
> ——弗朗索瓦·德·罗什富科（François de La Rochefoucauld）

这并非当代人独有的困境，古希腊学派的先哲们早已开始探讨此道。无论东方还是西方哲学家都反复论述：过度的欲望如何将人引向痛苦，以及为何知道及时止步至关重要。摆脱欲望的奴役，是通往内心平静与幸福的关键。

佛陀在四圣谛中阐释了欲望与痛苦的关联。第一圣谛指出人生皆苦（苦谛 dukkha），第二圣谛揭示痛苦的根源正是欲望与执着。为解脱欲望之苦，佛陀提出修持无执与参透无常之道。这与我们在第 4 章从斯多葛学派角度探讨的路径不谋而合。

“真正的富足不在于拥有最多，而在于需求最少”，人们认为这句箴言正是佛陀所说。塞涅卡在《致卢基利乌斯书信集》第二封第 6 条中写道：“贫穷者不是拥有得少的人，而是欲望大的人”。两位人类史上的智者，总不至于完全说错。

> 若欲望并非生于需求，而是生于贪欲，皆具相似特质：积累愈多，非但无法平息欲望，反使其愈发膨胀。安守自然限度者永不贫困，逾越此限者纵坐拥金山亦难逃匮乏。
>
> ——《致赫尔维亚的告慰书》，塞涅卡，第十一篇，第四条

常有营销专家联系我，声称能让我用“斯多葛主义者”项目赚得盆满钵满。他们承诺：如果我购买他们的服务，可以年入六位数，同时我应该兜售高价产品。对此，我一概礼貌回绝。身为斯多葛主义践行者，我训练自己知足常乐，满足于现有工作与收入。言行合一是我的道德义务，否则便是背叛斯多葛哲学的智慧与原则。

若接受这些营销专家的建议，我将良心不安，彻夜难眠。售卖标价上千欧的斯多葛课程不符合我的价值观，每天工作 14 小时而牺牲与妻女相伴的时光不是我的理想生活，不尊重读者听众也不是我所希望的。诚实谋生、助人为乐、与至亲共度时光，对我而言，足够了。许多营销专家无法理解为什么我不想赚钱。

我也不是天生就这样。本章将分享指引我形成此观念和行为方式的思考与实践，希望能提供新视角，帮助大家了解如何更明智地对待渴望。

人类为何总在渴求？

人类是与生俱来的复杂生物，体内“预装”了各式需求与欲望。正如斯多葛学派洞察的那般，欲望与苦乐紧密相连——我们渴望带来欢愉之物，厌弃（实为另一种形态的渴望）招致痛苦之事。

从进化视角看，我们生来既有饥渴等基本需求，也有被爱、归属与认可的欲望。性、食物、地位等进化性欲望能带来快感，所以被我们追求。这些欲求推动着物种的繁衍与存续。而知足常乐不利于种族存续，对我们也就没有吸引力。在此逻辑下，欲望可以帮助我们延续种族，但不会让我们获得幸福。

在心理学层面上，人们终其一生构建的信念与身份认同，虽受基因影响，更受到与他人比较的深刻塑造。稍加思索便会发现：多数欲望源于看到他人所有所得。若不警惕，嫉妒与攀比将助长难平的欲望，驱使我们不考虑人生追求，盲目地追赶或超越他人的成就。

多少“成功人士”最终走向自杀或彻底改变人生？多少看似拥有一切的人实则内心空虚？如果不关注追逐之物，我们就会迷失人生航向。正如塞涅卡对卢基利乌斯的忠告：若跟从外界强加的欲望，终有一日会自问：“我怎会沦落至此？”

更不可忽视的是，我们并非活在真空中。身处的社会文化也影响着我们的欲望，因此关注生活环境至关重要。

我们处于消费社会，每日受着广告信息轰炸（研究显示，人均日接收超六千条），广告诱使我们渴望购买某些商品，拥有某种生活方式。广告和传播媒体极大地促进了无法满足的欲望的产生，给我们呈现出一个理想化的完美现实幻想，呈现出一个虚假的现实。我们想一想，有多少广告鼓励我们安于现状？又有几家企业在社交媒体上传授知足之道？

日复一日的广告渗透逐渐生效：在我们拥有的与我们认为需要拥有的之间，潜移默化中，我们相信购买新商品或尝试新体验能填补空虚。而广告只会让我们感觉需要获得越来越多的东西，即便基本需求早已得到满足。

此刻不妨打开电视，细细品味广告：多少在推销汽车、香水、旅行、科技产品？多少在推销垃圾食品？多少广告中出现了完美模特，暗示购买即能靠近理想形象？多少广告中出现了完美幸福的家庭，全家一起制订美好计划？

此时，我也打开了电视，分析广告，几分钟后，不禁想修改本章标题，将其改为："人们怎能不生欲望？"

欲望究竟是什么？

> 欲望是你与自己的约定——在得偿所愿之前是不会快乐的。
>
> ——《纳瓦尔宝典》（*El almanaque de Naval Ravikant*），
>
> 埃里克·乔根森（Eric Jorgenson）

纳瓦尔的这句话精准道出了欲望是什么。西班牙皇家语言学院将其定义为"对渴求之物产生的情感冲动"。对我而言，欲望是驱动我们追逐所求的内在力量，所求之物或为物质，或属精神。但皇家语言学院的定义忘记了关键：欲望是极其复杂的现象，三言两语难以定义。

欲望有两面性：一面鞭策我们成长进取，另一面却让我们在达成目标前永觉残缺。然而欲望永远无法满足，当得偿所愿时，困境不会结束，实际上方才开始。获得所求后，非但不能如预期般感觉圆满，反觉欲念膨胀蔓延。既得之物已经不够了，需要再去追求下一个。恰如佛家所言：一山去后还一山。

> 旧欲方歇，新欲又生。
>
> ——《致卢基利乌斯书信集》，塞涅卡，第十九封，第六条

此现象即前作《屹立不倒》中提及的“享乐适应性”（adaptación hedónica），简而言之就是人类对快感的适应本能。我们渴望某物，为此奋斗，得手后短暂欢愉，很快就会适应这种快感，得手之物也不再让我们快乐了。于是新欲萌发，循环往复：渴望，努力获取，实现欲望，享受欢愉，适应快感，再渴望……

> 若想使比索克莱[1]富有，与其增添他的财富，不如削减他的欲望。
>
> ——伊壁鸠鲁（Epicurus）（塞涅卡《致卢基利乌斯书信集》第二十一封第七条引述）

当然，我无意将欲望妖魔化。正如前文所述，欲望推动人类物种繁荣进步。若无欲望驱动，我们无法取得当今的成就。从石器时代的工具发明到现代科技进步，欲望是指引我们前进的动力。

对社交联结与归属的渴望，催生了社会架构、社区和文化，

① 比索克莱（Pítocles），伊壁鸠鲁的门徒。（译者注）

正是由于这些架构，我们才能合作、成长、变强。对美与表达的追求，孕育了绘画、雕塑、音乐等艺术瑰宝。生物学层面的生存与繁衍的欲望，更是物种延续的根基。上述这些便是欲望的“光明面”。

而“阴暗面”（斯多葛学派着力探讨的维度）在于，永不停歇的欲望将滋生长期不满足感，继而诱发焦虑、压力与存在性空虚。现代社会中，过度的欲望驱使人们积累物质财富、无节制消费。这导致了嫉妒和不健康竞争：人们不断地和别人比较，将自我价值锚定于物质优越感或达到某些标准，陷入对外界认可的依赖，让我们无法知足，也就是无法达到斯多葛派推崇的“自足”境界。

最后，在追逐某些欲望时，人们可能会丧失道德观，甚至践踏生命优先级，为达目的不择手段。这种行为不仅伤人害己，更会腐蚀社会根基——这恐怕是最背离斯多葛精神的行径。我们的意图永远不应该是伤害他人和社会。

正如我敬重的拉米罗·卡列（Ramiro Calle）所言：当我们的欲望都是它的“阴暗面”时，是因为将目光过多投向外界，而忽视了内省。

有哪些类型的欲望？

在本章的这一部分，我不会引用任何斯多葛哲人的思想，而是引用与其针锋相对的学派——伊壁鸠鲁学派的观点，塞涅卡在必要时也会这么做。塞涅卡曾说，“真理不属于任何人”，并且“如果这句话是为所有人说的，那么谁说了这句话并不重要”。我认为伊壁鸠鲁比斯多葛学派更精确地解读了欲望，因此我将引用他的观点。

> 此外，让我们考虑一下，欲望中有些是自然的，有些是毫无根据的，而在自然的欲望中，有些是必要的，有些只是自然的；在必要的欲望中，有些是为了幸福，有些是为了身体的舒适，有些则是为了生存本身。
>
> ——《致美诺西斯的信》（*Cartas a Meneceo*），伊壁鸠鲁，127

伊壁鸠鲁将欲望分为两种：自然的和非自然的。而自然的欲望又分为两类：必要的和非必要的。

- “自然的、必要的欲望”包括基本的生存需求。这类欲望包括饿了要吃饭，渴了要喝水，有遮风挡雨的住所和衣物，累了要睡觉。我们应该专注于满足这类欲望，因为它们不仅对幸福至关重要，更是维持生命的基础。
- 其次，“自然的、非必要的欲望”，在伊壁鸠鲁看来，是那些让我们的生活更愉快、更舒适的东西。它们与“自然的、必要的欲望”的区别在于，这些欲望对我们的生存并非必不可少。这类欲望包括与朋友的良好交谈、性关系，以及与艺术享受相关的欲望，如音乐、戏剧或文学。
- 最后，我们有“非自然的欲望”，根据其定义，它们也是“非必要的”。这第三类欲望对我们的内心平静和精神健康最为有害：财富、声望、名誉、奢侈、影响力等。这些欲望是多余的、完全可以舍弃的，它们不仅不会带来幸福感，反而是痛苦的来源。

清楚地了解这种欲望的划分，帮助我认识到有些欲望是自然的、人性的。因此，渴望它们是正常的。但这也让我明白，我一生中感受到的大部分痛苦，是因为我渴望那些肤浅的、非自然的东西。塞涅卡的思想也给了我很大帮助，他受到伊壁鸠鲁的启发，为我们提供了一个非常实用的方法，来判断我们所渴望的东西是否自然。他在第 16 封信第 9 条中对卢基利乌斯说：

> 当你想知道你将要追求的东西是自然的欲望还是盲目的欲望时，就考虑它是否能在某一点上停止。如果在走了很久之后，总能再往前走，那么你要意识到这不是自然的欲望。

饥饿感在我们吃饭后消失，口渴在我们喝水后消失，寒冷在我们穿衣后消失，困倦在我们睡觉后消失，但野心何时消失？财富积累何时结束？奢侈行为何时得到满足？野心家总是渴望更多。富人想变得更富，奢侈的东西永远不够。在追逐了很久后，这些欲望并没有消失。因此，它们不是自然的。

如果读者感到自己因欲望而受苦时，可以根据伊壁鸠鲁和塞涅卡的指导，问问自己：

我的欲望是自然的还是非自然的？

它有尽头吗，还是永远不会结束？

欲望的危险

> 记住，欲望承诺的是人想要得到的东西，而厌恶承诺的是避免人所拒绝的东西。欲望未能实现的人会陷入不幸，而

无法避免其所拒绝的人会感到厄运缠身。

——《手册》，爱比克泰德，第二章

我们已经看到，欲望是永不满足的，这常常给我们带来麻烦。现在我要说另一个坏消息：欲望与依恋和情感依赖有着密切的关系。事实上，当我们执着于自己的欲望时，不知不觉地就会与这些欲望建立起强烈的情感联系。我们对渴望的东西有认同感，并认为这对我们的幸福和自尊至关重要。于是，我们成了自己欲望的奴隶。而正是爱比克泰德这样一位曾经做过奴隶的哲学家警告我们这是一种危险。

爱比克泰德告诉我们，如果我们渴望某样东西却未能得到，我们会认为自己不幸。同时，如果我们希望某件事不要发生，但它发生了，我们也会觉得自己运气不好。爱比克泰德深知这一点。当我们成为自己欲望的囚徒时，如果现实无法满足我们通常过高的期望，我们也会成为痛苦和失望的囚徒。

在写这段话时，我刚刚经历了一件事，验证了爱比克泰德的正确性。我的女儿现在九个月大，晚上很难安稳睡觉。为了更好地应对，我和妻子每晚轮流照顾她。每晚有一个人睡在靠近她摇篮的一侧时，另一个人则睡在床的另一侧。睡在女儿旁边的人睡得不好，但至少另一个人可以休息。我相信很多父母都能理解这种情况。

有一天晚上，轮到我睡在女儿旁边时，我听到她在哼哼唧唧。根据经验，我知道这意味着她快要醒了，于是我开始想："别醒，求求了，千万别醒。"但我很快意识到，我正在渴望一件怎么渴望也没有用的事情，毕竟结果并不在我的控制范围内。于是，我将内心的对话改为："无论发生什么，保持冷静。深呼吸，平静地应对。”这样，我将注意力集中在我可以控制的事情，也是我能渴望的事情上。

> 只要你不参与任何胜利不取决于你自己的战斗，你就可以战无不胜。
>
> ——《手册》，爱比克泰德，第十九章

当然，我的女儿立刻就醒了，但由于我的内心对话，以及仅仅开展改善自己的战斗，我更好地应对了这件事。而且，由于我将不该渴望的东西换成了应该渴望的东西，我能够冷静、充满爱意并果断地行动。我起身抱起她，亲吻她，给她唱歌，她又睡着了。我全程平静、沉着，感激自己能够做到这一切。

如果我一直执着于希望她不要醒来，会发生什么呢？我把期望寄托在无法控制的事情上，所以我可能会在绝望和烦躁中起床，愤怒情绪无疑会支配我。

当然，我并非总能如此冷静地处理事情。我不是一直保持警惕，很多时候如果放松了警惕，我就会失败，就会犯错。随着时间的推移，我明白了，期望自己总是做到完美是不现实的。作为斯多葛主义的实践者，我们应该学会追求进步，而不是追求完美。我们会一次比一次做得更好，但永远不会做到完美。

重要的不是我做了什么，或怎么做的。我认为重要的问题是：为什么我能够转变内心对话？说实话，我无法确切解释，但我确信，内化接下来一部分要探讨的内容对我有帮助。

我们应该如何渴望？应该渴望什么？

> 要想成为好人和正直的人，有三个领域需要训练：第一个是与欲望和拒绝相关的领域，帮助人们既不在欲望上受挫，也不陷入自己厌恶的事物中。……其中，最重要且最迫切的是与激烈情绪相关的领域。而激烈情绪的产生，往往是因为欲望受挫或陷入自己厌恶的事情。
>
> ——《论说集》，爱比克泰德，第三册，第二章

在我看来，爱比克泰德是能最有力地提出哲学实践的斯多葛哲学家。我深思熟虑过原因，认为这与他曾经是奴隶后来成为老师的经历有关。他首先亲身经历过，后来才将这些经验传授给别人。或许正是因为这个原因，马可·奥勒留在他的《沉思录》第 11 卷第 29 条中提到爱比克泰德时，说道：“在写作和阅读上，你需要先自己受教然后再启发他人。生活中也是如此。”

爱比克泰德首先是一个亲身体验者，之后才帮助别人进行启蒙。他建议人们首先从学会知道该渴望什么、不该渴望什么开始。在斯多葛学派中，这部分被称为“欲望的训练”，是一种能帮助我们有意识地训练欲望的实用指南。

> 如果你只对那些与自然相悖，并且在你掌控之中的事物表现出厌恶，你就永远不会陷入你所拒绝的事物中。相反，如果你对疾病、死亡或贫穷表现出厌恶，你就会得到你不想要的东西。
>
> ——《手册》，爱比克泰德，第二章

欲望的训练正如其名字所示，可以帮助我们分辨应当渴望什么、不应当渴望什么。根据斯多葛学派的看法，特别是爱比克泰德的思想，我们不能渴望那些我们无法控制的事物，否则我们会不断遭遇挫败。我们只能渴望如何调整自己，如何适应已经发生的事情。我们只能渴望训练我们的思维、理智、信仰、偏好、态度和行为。我们只能参与那些我们一定会赢的战斗：那些结果取决于我们的战斗，即我们态度、思维和行为的战斗。其他所有的，所有那些结果不在我们掌控中的战斗，如果我们失败，就会感到不幸。

因此，在《手册》第八章中，爱比克泰德告诉学生们："不要期望事情按照你想要的方式发生，而是要希望顺其自然。这样，你的人生会变得平静。"换句话说，我们不能期望现实、生活按照我们的愿望进行。因为正如我们之前看到的那样，如果事情没有按我们的愿望发生，我们就会感到沮丧。同样，如果发生了我们不希望的事情，我们也会感到沮丧。

> 专注自身，无论你做什么，你唯一的愿望是做一个品德高尚的人。
>
> ——《沉思录》，马可·奥勒留，第七卷，第五十八条

马可·奥勒留在上文摘录中也表达了同样的原则。他提醒自己，专注于自身，唯一的愿望应该是专注于做品德高尚的人。马可·奥勒留在这一条以及其他许多类似的摘录中，反复提醒自己，真正重要的是专注于唯一能控制的东西：他自己。其他一切都超出了他的控制范围，比如别人对他是否善良。

在《沉思录》的第九卷第 40 条中，马可·奥勒留描绘了那

些祈求神明的人。他想象有些人请求神明帮助他们摆脱某些人。马可·奥勒留认为，把希望寄托在别人之手，是一种奴役。如果需要祈祷的人是他，他更愿意请求神明让他自由地运用自己的能力，他会这样祈求：我该如何培养自身思维方式与方法，以使自己无须摆脱某些人呢？

学会专注于我们能控制的东西，这一原则也是我们可以每天反复提醒自己并实践的，尤其是在欲望的领域。重复和实践是实现自我管理最快、最有效的途径。

开展欲望训练的实践练习

到目前为止，我们已经探讨了什么是欲望，从不同角度分析了人类为什么会有欲望，以及为什么欲望会给我们带来痛苦。在简单了解了什么是欲望训练之后，现在我们将更深入地探讨这一训练，并学习如何在日常生活中实践。

★第一个实践练习：感恩已拥有的事物

如果与孩子相处过，应该会见过这样有趣的场景：一个孩子开始玩一个玩具，恰恰在这时，另一个孩子突然对这个玩具重燃兴趣。可能他已经几个月没碰过这个玩具，但看到别人玩，他就立刻想要玩。除非能把玩具拿到手，除非我们能转移他的注意力，否则这个孩子会一直发脾气。

其实不必拿孩子举例，成年人也是如此。我们都认识这样的人：曾因感情淡薄而离开伴侣，当对方有了新欢时，突然又重燃爱火；或是多年对书架上的积灰书籍视若无睹，却在访客借阅时突然渴望阅读。

这些普遍现象揭示了一个根本的心理学原理：直到失去才懂得珍惜。这并非现代人独有的现象，爱比克泰德在《论说集》第一册第 19 章第 19 条中就给学生讲过类似的故事：

> 埃帕弗洛狄托斯有个叫费利基奥的鞋匠，因觉得无用而将其转卖。后来机缘巧合，这鞋匠被恺撒的随从买走，竟成了御用鞋匠。看看埃帕弗洛狄托斯如今多么欣赏费利基奥吧！“亲爱的费利基奥还好吗，代我问候他！”若有人问“主人在忙什么？”，得到的回答总是“他正和费利基奥商量要事”。当初不正是他嫌鞋匠无用才卖掉的吗？是谁让这个鞋匠突然变聪明了？

埃帕弗洛狄托斯之前是爱比克泰德的主人，因嫌弃鞋匠无用而抛弃他。当得知对方竟成了恺撒的鞋匠后，态度立刻转变。鞋匠始终是同一个人，改变的只是主人失去他后对他的认知。

从埃帕弗洛狄托斯、争抢玩具的孩童到破镜难圆的情侣，这些例子都印证了：当无法再拥有时，欲望反而死灰复燃。在当今社会，这种现象愈演愈烈——我们能轻易获得几乎所有东西，甚至在应用软件中只须左右滑动手指就能交换物品或改善人际关系。

如何避免我们失去后才知道珍惜？请实践以下练习：

- 在一张白纸上画出三列。
- 在左边一列：写下生活中你已经习以为常的人、物品或情境。例如，如果你有一段长期关系，可以写“我的伴侣”；如果你的父母还健在，可以写“我的父母”；如果你身体健康，可以写“健康”。

- 在中间一列：想象或写下如果你失去这些时的感受。你可以通过两种方式来完成：写下来或闭上眼睛想象。想象或写下你的伴侣离开你的全过程。例如：“他/她打电话给我，说我们需要谈谈，告诉我他/她遇到了别人”；或者“我的上司打电话让我去办公室。到了办公室，上司通知我，我被解雇了”；又或者“在医生的诊室里，他们告诉我发现了一个可疑的肿瘤，需要进一步检查”……这些都是常见的例子，每个人需要根据自己的情况想象或书写。
- 完成中间列的练习后：闭上眼睛，做十次深呼吸，然后感恩仍然拥有你刚刚想象失去的东西。怀着真挚的感激之情，在右边一列写下，在想象失去后，你有多幸运还能拥有这些人、物品或情境。难道你不觉得超级幸运吗？你还能见到父母，还能和伴侣同床共枕，还能拥有健康或一个遮风挡雨的住所。感恩你仍然拥有这些，因为正如塞涅卡所说，总有一天你会失去一切。或者更准确地说，你会归还一切。

我建议在实践这个练习时保持耐心和自律。如果我们能有意识地，而非机械地去做，保持平静、不慌不忙，并反复练习，就会看到我们与第一列中所写内容的关系发生了改变。

以下是一个表格，填写了上面描述的例子。如果与你的情况不符，可以划掉并写下自己的内容。

物品／人／情境	想象并详细描述失去的过程	闭上眼，做十次深呼吸，感恩仍然拥有
伴侣		
工作		
房子		
家人（母亲或父亲）		
健康		

（原文 p190）

★第二个实践练习：审视欲望是否属于自己

> 你说不出有谁真正知道自己为何渴望所求之物。他们并非按计划行动，而是随波逐流。可耻的是，不是自己行走，而是被推着走，突然惊觉身处旋涡中心时自问：我怎会沦落至此？
>
> ——《致卢基利乌斯书信集》，塞涅卡，第三十七封，第五条

关键是要分辨欲望究竟源于自我，还是外界强加。在我看来，追逐他人的欲望是对自己最大的奴役。即使得偿所愿，我们也可能像塞涅卡描述的那样陷入困惑：“我怎会沦落至此？”或“现在我该做什么？我实现欲望是为了什么？”。

若缺乏指引，不妨读一读塞涅卡的作品。他在给母亲赫尔维娅的信中写了他奉行的准则，这些准则具有启发意义，对我们同样适用：“我始终坚信，众人趋之若鹜的事物里，没有真正的善。”

想想多数人渴望什么：名利、财富、他人的嫉妒、社会地位、奢侈品、他人的尊重。有意思的是，塞涅卡本人曾拥有这一切，最终却发现这些并未带来幸福与平静，反而剥夺了他的

宁静。因为这些事物外表光鲜，内里却如他所说："虚有其表，浓妆艳抹下尽是虚伪矫饰，内核与表象天差地别。"

明知追逐之物不会带来幸福，却仍虚耗生命，这绝非明智的生活策略。或许有人会反驳："给我一百万欧元，看我幸不幸福！"我不否认拥有金钱初期可能带来快乐——钱确实有用，非常有用。但若没有根基，没有价值观、美德、原则指导我们行动，指导我们善用时间，我们终将成为空心的有钱人。历史上有太多这样的案例，不容忽视。

第二个练习是关注我们的欲望。尤其是外界（电视、社交网络、广告、闲聊）"强加"的欲望。我们应该注意，何时他人引导我们应该渴望什么。

当意识到这种情况发生时（通过练习会更易察觉），请自问：

- 这个欲望是我自己产生的吗？
- 值得追求它吗？
- 这个欲望中，我能掌控什么？实现这个欲望是可控的吗？
- 这是普遍欲望吗？是整个社会都有的欲望吗？

通过不断自问，我们就能训练自己识别哪些是真正的渴望、哪些是外界强加的。这样，我们就能学会评估：这个欲望是否真实？实现它是否可控？

★第三个实践练习：用"偏好"替代"渴望"

关注我们如何与自己对话，是能为自身做的最重要的事。正如我们所见，自我对话决定了我们的感受，而感受又决定了我们的行动。

如果我们告诉自己，某些客观上并无道德价值的东西（比如一张百元钞票——它只是一张纸）是好的，我们就会产生追逐它的欲望。反之，如果我们认为某些同样无道德价值的东西（比如一把刀——它只是一块钢制品）是坏的，我们就会对它产生厌恶。事实上，金钱和刀本身并无好坏之分，关键在于我们如何使用它们。我们可以用钱资助非政府主义人士，也可以用来购买毒品；可以用刀切牛排，也可以用来杀人。

基于这一逻辑，斯多葛学派发展出了道德理论：唯一真正值得渴望的是美德，唯一应厌恶的是与美德相悖的恶习。其他一切外在事物，皆属中性事物。

正如第 3 章和《屹立不倒》中所提到的，斯多葛学派中的中性事物是指那些不在我们控制范围内，但我们可以偏好或不偏好的事物——无论如何，都不应将其视为渴望或厌恶的对象。我们当然可以偏好有钱而非没钱，偏好健康而非疾病。但若让生活被对金钱或健康的渴望所驱使，我们必将陷入执念。

在我看来，斯多葛学派做出这一区分非常高明。仅仅将“渴望”替换为“偏好”，就能明显感受到情绪负担的减轻，情绪依恋的减弱。“渴望”一词带有需求或紧迫感——我想要这个或那个，而且现在就要！我必须竭尽全力去得到它。

相比之下，“偏好”一词本身更轻盈。它是一种倾向，但不会产生情感依赖。根据我的经验，使用“偏好”一词时，我能以更平衡、冷静和灵活的态度对待所偏好的事物，尤其是因为我知道即使未能如愿，自己也会安然无恙。我能接受不同的结果，毕竟健康、金钱或书籍销量（举一个不同的例子）都不在我的掌控中。

然而，在实践之前，我们也须警惕自我欺骗。选择“渴望”

还是“偏好”是语义上的问题。替换词语并不会彻底改变我们追求之物的本质，但会改变我们与它的关系。重要的是意识到，即使我们偏好某物，也应与之保持平和、超然的关系，并专注于可控之事。

正如斯多葛学派所认为的，中性事物是人类体验的一部分，但并非幸福的源泉。

我们开始实践。到了这一步，我想你已经知道我喜欢使用表格了。我认为没有比表格更好的工具了，它能帮助我们厘清思路并一目了然地呈现信息。在这张表格中，我们将制作两列：

- 左边一列：写下我们的欲望。写的时候，用我们平时对自己说话时使用的词语。至少对我来说，这些词通常是绝对的、苛求的、急迫的。
- 右边一列：重新写下这些欲望，但这次用“我偏好”来替代，并使用更中性、更理性、更温和和耐心的语言。记住，我们与自己对话会影响我们的感受和行动。

表格下方留了空白，供读者写下自己的例子。

我渴望（不在我的控制范围内）	我偏好（不在我的控制范围内）
我渴望一辈子都健康	比起不健康，我偏好健康
我渴望全世界都认可我	比起别人不喜欢我，我偏好别人喜欢我
我渴望没有经济问题	比起没钱，我偏好有钱

（原文 p195）

我们大多数人从小到大都认为应该渴望健康、财富、声望等。斯多葛学派认为，这些固然重要，但我们的品格和如何对待他人更为重要。希望这个练习能帮助你在两方面都得到提升。

★第四个实践练习：渴望我们能控制的事物

> 如果你想成为一个受人尊敬、正直的人，谁会阻止你呢？如果你不想被阻碍或强迫，谁会强迫你去渴望那些你并不渴望的东西？
>
> ——《论说集》，爱比克泰德，第二册，第二章，第四条

欲望训练的最后一个练习，是学会区分什么是我们该渴望的、什么是不该渴望的。我们回想一下，根据斯多葛学派的观点，我们应该渴望那些我们能控制的事物，而不是那些超出我们控制范围的东西。以下是具体练习，再次画出两列：

- 左边一列：写下我们渴望但无法控制的事物，也就是通常所说的“目标”。实现目标并不在我们的掌控中，我们只能控制为实现目标所采取的行动。按照爱比克泰德的观点，如果我们设定了目标却未能实现，就会感到挫败。
- 右边一列：写下我们渴望且能控制的事物，也就是爱比克泰德支持的那种欲望。当我们对比两列时，会发现渴望那些我们能控制的事物更有意义。同时，也会更清晰地看到我们应该将全部注意力和精力投入哪个方向。

表格下方留了空白，供读者写下自己的例子。

我渴望（不在我的控制范围内）	我渴望（在我的控制范围内）
我的 YouTube 有 × 个订阅者	每周上传一个视频，尽可能把视频做好
所有人都喜欢我	培养我的社交技能和美德
减肥 × 千克	制订计划，并养成运动、注重营养和休息的习惯

（原文 p197）

这个练习可以完美结合上一个练习的内容（学习了“偏好”与“渴望”的区别）。具体结合方式如下：

我偏好（不在我的控制范围内）	我渴望（在我的控制范围内）
我的 YouTube 有 × 个订阅者	每周上传一个视频，尽可能把视频做好
所有人都喜欢我	培养我的社交技能和美德
减肥 × 千克	制订计划，并养成运动、注重营养和休息的习惯

（原文 p198）

我希望本章的所有内容能帮助你与自己的欲望建立更好的关系。如果我们理解渴望是人之常情，就会耐心地、专注地、带着爱意地学习，理解知足常乐很重要，用“偏好”替代“渴望”是非常健康的做法。如果我们坚持练习这些方法，就能逐步将注意力转向可控之事，并以更好的方式面对不可控之事。

一如既往，衷心希望这些内容对你有所帮助。

在本章中，我们探讨了以下内容：

- 为什么学会知足常乐能减少痛苦，而且能帮助我们更珍惜已拥有的事物。
- 从进化和心理学的角度来看，渴望是自然且正常的。在当今的消费社会中，我们对物质财富的欲望被进一步放大了。
- 旧欲方歇，新欲又生。我们总是在渴望。
- 根据伊壁鸠鲁的观点，欲望并非只有一种，而是有多种类型。
- 欲望训练教给我们，应该渴望那些我们能控制的事物。

7. 压力三 P：效率、匆忙与拖延[1]

①“效率、匆忙与拖延”对应原文 productividad, prisa y procrastinación。（译者注）

若想精神安宁，切勿让其承担过多超出能力范围、不合时宜的事务，不要使其疲惫不堪。

——《论愤怒》，塞涅卡，第三卷，第六条

吕齐乌斯·安涅·塞涅卡结束在帝国首都一天漫长的劳顿后，返回罗马城郊的庄园。尼禄[①]（Nerón）皇帝派来的护民官已传唤他当日去见皇帝。每当尼禄如此行事，实则是下达强制命令。尽管塞涅卡早已退出公共事务追求闲适生活，仍感觉自己像被这个日渐癫狂的皇帝操控的提线木偶。

所幸塞涅卡早有准备。他预感到尼禄会要求他给出最近一笔生意的进账和出账，事实果然如此。但皇帝下次又会以什么借口召见呢？召见的频率越来越高，塞涅卡开始怀疑下一次召见会针对他本人。

在归途的马车上，为平复心绪，他拆阅了好友卢基利乌斯新寄来的书信。这位挚友在信中坦言自己濒临绝望：为积累声望与财富，承诺了过多的商业事务，却意识到自己逐渐陷入深深的沮丧中。他记不清自己应允了多少商业提案，更无暇钻研哲学。重重的负担让他易怒，却不知如何从中解脱。

① 塞涅卡是尼禄的老师和顾问。（译者注）

塞涅卡提笔回复：“你渴望摆脱这些戕害身心的负累，却苦于没有对策。有些事务须亲临现场才能知道，正如医生无法通过书信规定用餐频率或沐浴时间，必须亲自切脉诊断。”[①]

压力和焦虑是现代世界的疾病。在关于焦虑的一章中，我们已经看到，每个人都感受过焦虑，每个人也都感受过压力。正如塞涅卡所说，当我们既面临“外部”负担（工作、家庭、经济、环境）又有自己强加给自己的负担（效率、习惯、个人发展）时，很难不感到压力。

根据2022年的一项研究，在欧盟国家以及英国中，西班牙是压力水平排名第五高的国家。在西班牙，近70%的工人每周至少感受到一次工作压力。此外，七分之一（约15%）的人表示他们每天都感到压力。西班牙是一个居民长寿、懂得享受生活的国家，以上数据排名可不是什么好消息。是的，也许我们比世界平均水平活得更长，如果活得更长的代价是生活在压力中，那么也许是时候重新考虑我们是否真的想活那么久了。或者，至少重新考虑，我们为什么活得如此有压力，并尝试找到解决办法。

首先，我们可以分析是什么让我们最有压力。研究中关注了三个类别：财务压力、工作压力和个人压力。在西班牙，工作压力最大，其次是财务压力，这两种压力是主要压力来源。我们工作时间很长（在工作时间最长的欧洲国家中排名第十），我们害怕被解雇，感到压力，而我们的收入低于欧洲平均水平。西班牙人的平均工资比欧盟其他国家低22%，也就是说，我们平均每月比其他欧洲国家的人少赚495欧元。而像马德里、巴

① 塞涅卡给卢基利乌斯的第22封信开篇。

塞罗那或圣塞巴斯蒂安这样的城市，生活成本并不低。因此，如果我们分析当前的情况，感到压力是合理的。

在我看来，最不合理的是我们自己强加给自己的个人压力。我稍后会在本章中详细讨论这种压力，我们会发现，我们已经成为对自己施加压力的专家。

什么是压力?

世界卫生组织将压力定义为“由困境引发的担忧或精神紧张状态”。更进一步讲，对我而言，压力不仅是精神上的担忧或紧张。过度且持续的压力（数据显示，15% 的人每周都感到压力）会导致疾病。压力会释放皮质醇激素，这种激素会削弱免疫系统，让我们更容易生病。

在压力下，我们几乎无法专注或放松。感到压力时，我们会头痛、胃痛、失眠、食欲紊乱。不仅如此，更容易沾染吸烟、酗酒、吸毒等恶习。与压力相关的严重焦虑症和抑郁症病例也日益增多。由此可见，压力远不只是精神上的担忧或紧张，它会侵蚀生活的方方面面，若不及时应对，足以摧毁人生。

> 性格确实难以改变。
>
> ——《论愤怒》，塞涅卡，第二卷，第二十条

矛盾的是，70% 受工作压力困扰的劳动者有上述症状，但表示从未采取任何应对措施。本章将提供策略，帮助读者成为剩下 30% 的行动派。

一如既往，在继续之前需要说明：压力并非总是有害。事实上，适度的压力能激励日常行动。正是这本书的截稿压力，让我坚持每日写作而非拖延到“明天”。

真正危险的是长期过度的压力，会引发前文所说的身心健康问题。若想了解哪些压力源具有积极作用，建议收听我的播客，我采访了整体健康专家安东尼奥·巴伦苏埃拉（Antonio Valenzuela）[①]。

应对压力的策略类型：适应性策略或非适应性策略

对于我在各章中提到的激烈情绪，主要有两种应对策略：适应性策略和非适应性策略。

当我们感到焦虑、恐惧、痛苦或压力时，实际上有多种应对方式。比如，面对失业的恐惧、焦虑或压力，我们可以打电话向朋友倾诉烦恼；也可以冥想、运动或写日记，写下自己的感受以及解决困境的方案。同样，我们也可能选择借酒消愁、抽烟解压，或是每个周末和朋友狂欢。

这些例子都属于应对策略的范畴。那么，哪种策略对你更有利？哪些策略在中长期更具可持续性？

适应性策略正是本章要探讨的重点，这种策略从长期来看更可能带来好的结果。不过，这类策略也最具挑战性，往往不是最舒适的选择。正是这些策略能促进我们成长，让我们变得更强大、更具韧性和创造力。适应性策略是面对有压力的情形

①《斯多葛主义者》播客（*El Estoico*）中对安东尼奥·巴伦苏埃拉的采访 <https://youtu.be/eemF5fdIDs0>.

时努力克服。正如爱比克泰德所言，这类策略相当于“抓住了事物的正确把手”。

另一方面，非适应性策略虽然能带来短期缓解，但长期来看会适得其反。这类策略不仅无法解决问题，还可能加剧现有困境或引发新问题。失业时和朋友喝几杯或许能暂时舒缓情绪，若长期如此，不会对我们有好处。如果长期喝酒解压，就需要反思：借酒消愁真的是培养抗压能力的最佳方式吗？爱比克泰德将这类非适应性策略称为“抓住了事物的错误把手”。

我想再说一次，无论采用上述哪种策略，都是人之常情。当我在为 Patreon 社区或这本书构思文章时，如果感到无从下笔，也会刷 Instagram 试图调节自己。我清楚地意识到，这是在逃避压力。不知道写什么，找不到我要找的信息，或担心读者觉得我的观点愚蠢。这时，我的大脑会本能地选择一条舒适、熟悉且轻松的出路：刷社交媒体。

如果我每次遇到写作瓶颈就沉迷于社交网络，你也就看不到这本书了。正是因为我了解适应性策略的存在，才会强迫自己断网数小时，直面空白文档的不适感，坚持写作直到满意为止。我强迫自己直面自己观点带来的不适，专注于唯一可控之事：尽己所能，善用现有资源，专注当下。其他一切都非我所能掌控。现在，你也了解了适应性策略，可以利用起来。

总之，最重要的是要明白：应对困境时，无论是使用适应性策略还是非适应性策略，都是正常的。如果想要在中长期取得进步，务必以适应性策略为主导。

接下来，我们将探讨压力的另一个重要来源——个人压力。个人压力往往难以察觉，它来自我们内心对效率的追求。

个人效率的压力

> 忙于诸多事务者，往往将自己交付于命运之手。
>
> ——《论心灵之安宁》(*Sobre la serenidad del alma*)，
>
> 塞涅卡，第十三篇，第一条

我们总觉得自己必须完成所有事，必须快速完成，必须立即完成，否则就是效率低下，虚度光阴。我们会落后，他人会超越。

我们怎能陪伴侣看剧而不是阅读个人成长书籍？我们怎能允许自己发呆，有片刻空闲，而不是抓紧时间学习新职业技能？我们怎么能干坐着看女儿玩耍，而不是打开 App 学习另一门语言？

当今社会，我们习惯以双倍速收听播客和有声书。我们必须每周（甚至每天）读完一本书，坚持每日冥想，每周运动四次，还要参加各种个人和职业发展课程。

> 忙碌之人无法真正掌握任何技能，无论是雄辩之术还是自由技艺，因为疲惫的心灵无法深入吸收知识，只会像排斥负担一样拒绝一切。
>
> ——《论生命之短暂》(*Sobre la brevedad de la vida*)，
>
> 塞涅卡，第七篇，第三条

更不用说一次只做一件事了，我们都知道可以同时处理多项任务。比如，在等咖啡加热时做深蹲，或边散步边听播客，甚至边吃饭边阅读。因为如果不这样做，就是在浪费时间！如果不能达到应有的效率，我们怎能心安理得？对了，读到这里时，你可以把书放在地上，边读边做俯卧撑。

塞涅卡深知，愤怒的根源之一就是我们总想承担超出能力范围的事务。这位来自科尔多瓦的哲学家告诫我们，如果想事事通，只会事事稀松。正如谚语所说："贪多嚼不烂。"

我写这部分时，新年将至，又到了我们信誓旦旦要完成所有新年计划的时候。我们要吃得更健康、读得更多、加强锻炼、学习新语言。这份清单既长又令人备感压力。其中问题不是到现代才有的，让我们看看塞涅卡是如何对卢基利乌斯说的：

> 坚持目标比制订行动计划更难。
>
> ——《致卢基利乌斯书信集》，塞涅卡，第十六封，第一条

制订美好计划很容易，但将其付诸实践并持之以恒并非易事。我们常常因为无法完成自设目标而感到压力巨大。难以维持既定节奏，最终把计划推迟到下周一、九月份或明年一月。这种情况反复发生，原因是什么呢？爱比克泰德在《手册》第29章给出了建议：

> 行事之前，务必审视其前期应该付出的努力和后期可能出现的结果，深思熟虑后再行动。否则，起初或许会感到愉悦，当困难来临时，终将陷入困惑。
>
> 你想在奥运会上夺冠。说实话，我也想。请先仔细审视这项事业的前期、后期。经过这番考量，如果你仍想继续，那就去做吧。你必须遵守严格的训练和饮食制度，戒

除甜食，无论寒暑都要按时锻炼；只能适量饮水，少量饮酒；每日训练，最终参加比赛。比赛时，你可能会受伤、骨折、受辱，甚至失败。权衡利弊后，如果仍愿意，那就去当运动员吧。

爱比克泰德给了我们很好的建议：在开始新项目、课程或目标前，先对其认真评估。我们真的有时间投入吗？是否还有其他事情要做？我们能否百分百从中获益？权衡利弊后再做决定，切勿本末倒置。

现实是，我们通常不会深思熟虑。我们总想承担超出能力范围的事务。当我们意识到无法维持这种工作生活节奏时，就会感到巨大压力，最终放弃。放弃后，我们会因未能实现目标而产生负罪感，自尊心遭到打击。

当我们试图同时进行太多活动时，不仅几乎一事无成，还难以享受当下的每一刻。我冥想时想着待会儿要读书，读书时惦记着之后要锻炼，锻炼时盘算着晚饭做什么，做饭时又在规划明天的课程安排。这些都是普遍现象，却揭示了一个悖论：如果我们无法享受过程，为何还要追求完成所有事？

我也深陷这种困境很长时间。虽然没有精确统计，但我确信自己半途而废的课程比完成的更多，未达成的目标比实现的更多，这都是因为没有遵循爱比克泰德的建议。

那么，如何解决？如何扭转这种局面？

应当选择温和的方式，解开而非强行扯断你系的结。谨防纠缠其中。满足于你已投身的事业。

——《致卢基利乌斯书信集》，塞涅卡，第二十二封，三—四条。

正如本章开头的故事所述，从塞涅卡给卢基利乌斯写的第22封信中，我们可以知道塞涅卡收到了朋友的求助信。卢基利乌斯陷入了过多事务中，令他备感压力，不懂拒绝而失去了属于自己的时间。

这种情况谁没经历过？多少次我们为承诺过多事务而后悔？在多大程度上，我们是自己给自己施加压力的罪魁祸首？

塞涅卡给出了一个实用的建议，我们完全可以应用于自己的生活：逐步退出那些为物质利益而接受的项目，暂时不要答应任何新事务，学会满足于现有的事业。

基于爱比克泰德和塞涅卡的建议，我提出以下反思问题：你是否正考虑同时开始过多活动？你是否想参加太多课程、阅读太多书籍、开展太多项目，或建立太多新习惯？

你是否经常半途而废？开始新事物前，你是否会权衡利弊？你通常会完不成哪些事？

你是否常因事务过多而感到压力？这些事务中有多少是你强加给自己的？在半途而废的目标的制定方式上，你能察觉到什么规律吗？

慢生活，少做事

> 不要匆忙度日。懂得分配时间就是懂得享受生活。许多人不享受快乐，而是糟蹋快乐。当年岁已高，便渴望时光倒流。他们妄图一日吞下终生难以消化的东西。他们仓促地经历幸福，吞噬未来的岁月，由于太过匆忙，很快便结束了一

> 切。即便是求知欲也须节制，以免一知半解。
>
> ——《谨慎的沉默》（*El arte de la prudencia*），
>
> 巴尔塔沙·葛拉西安（Baltasar Gracián），第一百七十四条

尽管这个观点看似矛盾，但学会慢生活已刻不容缓。

越来越多的人厌倦了压力，厌倦了无法享受所做之事，开始寻求其他生活方式。慢生活（slow life）哲学由此产生。1986年，麦当劳在西班牙广场（位于罗马）开店，引发抗议，人们成立了慢食组织，这场慢运动就这样开始了，随后这一理念逐渐扩展到其他领域。[①]

作家卡尔·奥诺雷（Carl Honoré）是慢生活哲学的主要典范之一。在《慢活》（*Elogio de la lentitud*）一书中，他写道："快节奏意味着忙碌、控制欲强、激进、匆促、算计、压力、肤浅、急躁和仓促行事，即数量重于质量。慢节奏则相反：平静、细心、包容、安静、直觉、从容、耐心和深思熟虑，质量重于数量。"

牧师兼作家巴勃罗·德奥尔斯（Pablo d'Ors）赞同更慢的生活方式。他提出"静、慢、满"，我再加上"德"。当我们在冥想中学会平静，就是在实践"静"；当我们尝试慢慢生活，就是在实践"慢"。静与慢带给我们"满"，我相信也会赋予我们"德"。

当我们四处奔波时，很难（甚至不可能）感到充实或践行美德。匆忙而持续压力的生活中，我们总是快速完成一件事，

① Movimiento lento. (19 de marzo de 2024). En Wikipedia. <https://es.wikipedia.org/wiki/Movimiento_lento>.

想着下一件事。我快速阅读是因为之后要冥想，冥想五分钟是因为要赶着上班，工作匆忙是因为要提高效率准时下班去健身房。巴勃罗·德奥尔斯认为，这种生活方式更像是一场障碍赛。

相反，当我们慢慢生活，放慢脚步，就更容易活在当下。

> 当一切发生得如此之快，没有人能确定任何事，完全不能，甚至连自己是谁都无法确定。
>
> ——《慢》（*La lentitud*），米兰·昆德拉（Milan Kundera）

实践慢生活只有一种方式（至少我还没发现其他方式）：日常生活中尝试放慢节奏。当我们努力以更慢的速度完成每项活动时，就是在践行慢生活。

为了练习慢，放慢节奏，我每天进行的一个关键练习是，一天中暂停五次，每次做十次深而慢的呼吸。这个练习看似简单，但许多人觉得极具挑战性。难道一天中暂停五次就只是为了呼吸吗？

据统计，人平均每天呼吸约七万两千次。我们真的不能每天专注做五十次深而慢的呼吸吗？如果连这都做不到，就该诚实地反思我们的生活节奏了。

我提出的建议人人都能做到，每天花费的时间大概七分钟或八分钟（取决于呼吸节奏）。具体如下：

- 起床后下床前做十次呼吸，以不同方式开启新的一天。
- 上午中间时间做十次呼吸，暂停匆忙的节奏，之后专注地重新投入工作。
- 午餐前做十次呼吸，专注用餐，感恩眼前的食物。

- 下午中间时间做十次呼吸，再次暂停，从容面对一天的尾声。
- 睡前（如晚餐后）做十次呼吸，感恩又度过一天，带着平静的心情入睡。

> 每当所处境遇使你感到困惑时，迅速回归自我。如果你持续回归和谐，你将更好地掌控和谐。
>
> ——《沉思录》，马可·奥勒留，第六卷，第十一条

根据我的经验和观点，最重要的是我们做这些呼吸时的态度。不应该是“来吧，赶紧做完十次呼吸好继续忙碌的一天”，这显然不是培养慢生活方式的最佳态度。

正确的态度应该是相反的：“我要做十次深而慢的呼吸，练习平静，练习更慢、更有意识地生活。”这样，我们在呼吸前就设定了意图，提醒自己为什么要暂停。同时要用鼻子吸气和呼气，并尽量延长呼气时间，以激活副交感神经系统，达到和谐。

其实，实践慢生活并无太多奥秘。就像所有重要的事情一样，只需要坚定的目标、持续的提醒和习惯性地练习。

对我来说，尽量少做事，慢做事，把事做好也很重要。也就是说，选择两三项真正重要的事情，仔细、专注、带着爱意去做，并且刻意放慢速度。以下是我自己实践的一些例子，或许能为读者提供参考：

- 放慢阅读速度。
- 冥想时放慢呼吸节奏。
- 无论去哪儿，留足时间。

- 以比平时更慢的速度散步。
- 每天只专注于两三个目标。

如果诚实地反思，许多人会发现，我们自以为必须做的或强加给自己的很多事情，其实并不会让我们感到幸福。这些事情可能是从社交媒体上看到的，或是出于习惯而做的。

例如，我们不必每天都看新闻，不必每天读二十页书、锻炼、冥想，也没必要每天同时完成其他五十个习惯活动。当然，这些只是普遍的例子。冥想、运动、阅读都是非常健康的习惯。问题是，健康习惯的清单太长了。当我们设定太多帮助自我提升的习惯时，问题就来了。如果无法每天全部完成，我们就会有负罪感。这是个人发展中经常出现的悖论。

因此，我建议：少做事（我的建议在现代社会看来像是一种叛逆）。接下来，我们来看看如何实践这一点。

拿一张白纸或在电脑上新建文档，写下你今天想要设定的所有习惯或目标。写完后，将清单缩减到两三个对你最重要的项目，这两三个习惯将真正推动你的生活向幸福或宁静迈进。现在，准确写下你将在一天中的什么时间完成它们，以及你将采取的态度。例如，缓慢、专注和宁静的态度。这样，你就实现了我在本章中提出的两个建议：慢生活和少做事。

> 必须对每件事根据个人情况进行反思：这有必要吗？
>
> ——《沉思录》，马可·奥勒留，第四卷，第二十四条

马可·奥勒留大概是他那个时代最忙碌的人吧。在他的私人日记《沉思录》中，我们看到他是如何确保自己不会在琐事、

流言蜚语或猜测上浪费太多时间的。通过问自己“这真的有必要吗？”，我们会意识到，我们一天中的大部分时间都花在了对生活没有深刻意义的活动上。

将活动缩减到真正必要的事项后，我们的意图和行动也会更加清晰，压力会减少，对当下的享受会增加，有趣的是，事情也会做得更好。

在《论生命之短暂》中，塞涅卡鼓励我们回顾过去的日子，看看真正留给自己的时间有多少。当我们确保将任务清单缩减到真正必要的事项时，我们就能增加每天的密度以及人生的密度。我们用质量取代数量，过上了更好的生活。

将事务精简至只剩必要项，这是一项需要培养的技能，让我们一步步来。从孩提时代起，人们就教导我们要多做事，而不是少做事。因此，我们无法在一夜之间改变行为方式。但我们要尽快开始。因为当我们把重要的事情推迟时，另一种压力就会出现。这种压力源于一个现象，我们不应允许这个现象侵入生活中最有意义的部分。

这个现象就是拖延。

压力与拖延：不再往后推的技巧

> 你会听到很多人说：‘等我五十岁就退休休息。’可谁能保证你能活那么久？
>
> ——《论生命之短暂》，塞涅卡，第三篇，第五条

哲学随笔作家纳齐姆·塔利布（Nassim Taleb）认为，拖延是人类的一种自然防御机制。他说，拖延会自动过滤出我们真

正想做的事，过滤掉那些我们不想做的事。塔利布认为，我们拖延是因为我们并不想做那些自以为想做的事，这样一来，事情到最后就自己解决了。

我部分同意这个观点。在我的人生中，我多次惊讶地发现，由于拖延而什么都没做，有些问题却自己解决了。

然而，绝大多数情况下，如果我不主动迈出第一步，不自己采取行动，什么都不会发生。例如，如果我不每天为“斯多葛主义者”项目努力，没人会替我工作。如果我推迟关注自己的健康，没人会替我关注。如果我不努力保持心态平和或经营幸福婚姻，没人会替我完成。简而言之，就像植物不浇水就会枯萎一样，如果我们拖延生活中最重要的事情，这些事情就有可能永远无法实现。

> 记住你已经拖延很久了，神明已经给过你多少次提醒，你却置之不理。
>
> ——《沉思录》，马可·奥勒留，第二卷，第四条

同样，没人会替你完成真正重要的事，没人会替你开始那个项目，没人会替你冥想，没人会替你写你想写的书，没人会替你照顾你的伴侣。而且，你拖延得越久，就越后悔没有早点开始。没人后悔过早开始，我们都后悔开始得太晚或从未开始。

最糟的是，拖延反而会给我们带来更多压力。当我们拖延时，我们会因为推迟了本该现在做的事而自我加压。最让我们感到压力的往往是看到别人似乎都在行动，而我们仍在拖延。如果你见过别人实现了你曾有过的想法，那你和我一样。至少我就经历过很多次。那个人和我的区别是什么？他采取了行动，

而我拖延了。

不要再揭伤疤了。我们都知道拖延是个普遍问题。让我们看看能做些什么吧。

战胜拖延的实用方法

接下来，我们将探讨一些日常能够非常有效应对拖延的方法。有些方法对中长期项目特别有用，而有些则专注于看似不重要的小任务。

我建议读者将这些方法视为自助餐菜单：可以全部尝试，然后重复使用最喜欢的。让我们开始吧：

1. 提醒自己：现在应该付出一点努力，但之后就会为自己感到骄傲。穆索尼乌斯·鲁弗斯（Musonius Rufus）在他的《论说集》[①] 第 51 章中提到："用心思考一下：如果你通过努力正确地完成了某件事，努力的过程很快就会离你而去；但你完成的事将伴随你一生。"

拖延最常见的原因之一是我们认为要看到结果，就必须长期付出巨大努力。穆索尼乌斯·鲁弗斯为我们提供了一个绝妙的日常建议：提醒自己这只是暂时的努力，努力的日子会过去，但我们完成的事将永远留存。行动会让我们为克服惰性而自豪，进而振奋精神，鼓励我们再接再厉。

穆索尼乌斯·鲁弗斯的建议帮助我在无数个日子里（甚至

① 穆索尼乌斯·鲁弗斯没有留下书面作品，其《论说集》的内容来源于其他作品中的相关内容。第 51 章来自奥卢斯·革利乌斯的《阿提卡之夜》。穆索尼乌斯·鲁弗斯是爱比克泰德的老师。（译者注）

当我不愿行动时）行动起来。这个建议与下一个练习相结合时特别有效：五分钟法则。

2. 五分钟法则。如果估计某项任务只需五分钟或更少时间，就立即完成。回复邮件、打电话、回信息或开发票等小任务，如果不断拖延，就会逐渐累积。不知不觉中，会占据我们的思维空间，产生压力。而拖延带来的压力往往比及时完成它们所需的努力更大。

下次遇到这类任务时，问问自己："这需要五分钟或更少时间吗？"如果答案是肯定的，就立即处理。如果答案是否定的，就试试下一个方法。

3. 设定截止日期。当我看到"帕金森定律"（ley de Parkinson）时，终于明白了自己拖延的原因：我从不设定截止日期。英国人西里尔·诺思科特·帕金森（Cyril Northcote Parkinson）于1957年提出此定律，他指出："工作会不断扩展，直到填满所有可用时间。"换句话说，如果我们不为打算做的事设定截止日期，就会无限期拖延。

想想为什么学校、学院或大学的考试都有确切日期，为什么你知道必须在指定日期前准备好。否则，如果没有具体日期，谁会去考试？驾照考试或其他测试也有确切日期。人类就是这样的。如果没有具体的完成日期，我们永远无法完成任务，甚至可能永远不会开始。

明白了这一点，就请选择对你重要的事情，设定一个最终"提交日期"。否则，你很可能会永远无法开始。事实上，我们每个人都有一个最终的提交日期，你也有。问题是，不知道它何时到来。它不可预测，也无法延期。这个提交日期就是生命的最后一天。

生命一天天流逝，我们剩下的越来越少。

——《沉思录》，马可·奥勒留，第三卷，第一条

4. 思考死亡。2017 年，我 30 岁，心中还怀揣着两个一直未曾付诸实践的想法，但我不想带着它们进坟墓：环游世界和开展个人项目。虽然当时还不了解斯多葛学派，但思考死亡给了我启动这两个项目所需的动力。我和伊莎贝尔（现在是我的妻子）讨论过，她也渴望踏上旅途。我们都憧憬着为人父母的生活，也清楚一旦有了孩子，再想辞职去环游世界，难度会大大增加。

于是，我们设定了旅行开始日期（见上一个练习）和实现目标所需的固定储蓄金额。两年后，2019 年 3 月，我们辞去工作，开始实现梦想之一：环游世界。我们不是百万富翁，也没有借钱。我们努力工作，放弃了许多计划，登上了飞往圣彼得堡的第一班飞机。几个月后，新冠疫情打断了我们的后半段旅程，但目标已经实现。

2019 年 9 月，我决定购买“elestoico.com”域名，开始我的第二个生活目标：开展自己的项目。四年后，这个项目已经盈利，让我能够靠激情生活。虽然我不知道这个梦想能持续多久（这是我无法完全控制的），但我知道，当我行将就木时，至少不会后悔没有尝试。

现在轮到你了：

- 如果你知道自己的死亡日期，今天会开始做什么你一直拖延的事？
- 你在等待理想时机时，推迟了哪个梦想、项目或抱负？

- 在你临终时，会后悔什么现在还来得及补救的事？
- 在你控制范围内开始行动的第一步是什么？

> 如果你每做一件事都把它当成生命中的最后一件事，你就能实现目标。
>
> ——《沉思录》，马可·奥勒留，第二卷，第五条

应对压力的实践练习

在本章中，我们已经介绍了几个实用的练习，可以帮助我们更好地应对压力。我们讨论了如何减少对自己的要求，如何慢下来生活，如何尽量做得更少，以及如何应对拖延。接下来，我们将介绍另外两个练习，帮助应对现代世界中持续不断的压力，这些练习可以与前面提到的练习配合使用。

我鼓励读者将其视为生活中的一项实验，尝试不同的练习组合，多加练习最能帮助自己的方法。

★第一个实践练习：什么是真正重要的？

> 每当你想要知道应该避免什么、应该追求什么时，将目光投向最高的善，也就是你一生的目标。我们所做的一切都应与之相符。
>
> ——《致卢基利乌斯书信集》，塞涅卡，第七十一封，第二条

停下来想一想，每天让自己感到压力的事情有哪些。我能在工作中获得晋升吗？我的孩子们会过得好吗？我的老板会怎么看我？我的头发是不是在掉？有一天我能减掉这些多余的

体重吗?

如果你仔细想想，其中一些事情对你的生活确实很重要，其他的则不然。事实上，你会发现其中一些事情甚至完全超出了你的控制范围。

那么，每天为那些我们完全无法控制的事情感到压力有意义吗？爱比克泰德如果知道的话，会责备我们吧，他会告诉我们只应关注那些我们能控制的事情；塞涅卡会建议我们专注于以美德行事；而马可·奥勒留则会让我们努力成为更好的人。因为对斯多葛学派来说，这才是真正重要的：勇敢、正义、自制、智慧、宁静、平和、接纳。

你有没有问过自己，什么对你来说是真正重要的?

在斯多葛学派看来，真正重要的是取决于我们的事情，也只有这些事情是不能从我们身上夺走的。放慢生活节奏，少做一些事情，减少拖延……决定努力做到这些在我们控制范围内。专注于重要的可控之事将显著减少我们的压力。

也许你认为重要的事物与斯多葛学派不同。对你来说重要的，可能是成为更好的母亲或父亲；或者，每年能和家人一起旅行一次；或者，开始一个个人项目；或者，抽出更多时间阅读。即便梳理清晰了，在对你真正重要的事情中，仍然会有让你感到压力的事情，也会有你能控制的部分和无法控制的部分。

这个练习的目的是帮助你清楚地了解对你来说什么是真正重要的，如何消除那些无关紧要的压力，以及如何专注于你能控制的事情。

为此，在一张白纸或电脑文档中，我们画出三列。

对我来说重要的是什么	让我感到有压力的是什么	我能控制什么
我的孩子是个好人，生活一切顺利。	我的孩子可能会受到不良影响，不知道该如何面对生活。	试图教育孩子，以身作则，陪伴孩子时要专注。
退休金有保障。	当我退休时，我可能拿不到我应该拿到的退休金。	成为更好的专业人士，每月节省，避免不必要的开支。
家人健康。	家人可能会生病。	告诉家人健康的生活习惯并帮助他们养成习惯，和家人一起锻炼。

通过这种区分，我们清楚地知道我们能做什么、不能做什么。我们应该把精力放在对我们重要的事情上。当每天专注于真正重要的事情，并尽力做好能控制的事情时，我们就能学会识别那些由无法控制的事情带来的压力。这样一来，我们就能将不能控制的事情引导到能控制的事情上。

因此，第一步是意识到我们真正想要的是什么，接受会有一些压力源是我们无法控制的，并将我们的注意力和精力放在我们每天需要做的事情上。

当你有疑问，或感到压力、焦虑或不安时，问问自己："什么对我来说是真正重要的？我是不是在关注那些我无法控制的事情？"

★第二个实践练习：数字戒断

你有没有想过，智能手机给你带来了多少压力？你有多少未查看的通知？还有多少消息没有回复？还有多少电话没有回？

我们没有意识到，我们每天二十四小时都把本章中提到的最大压力源放在身边。手机可以涵盖本章中分析过的所有压力源：快节奏生活、拖延、降低效率、浪费大量时间。

手机是有用的工具。包含了比亚历山大图书馆[①]更多的信息，帮助我们获取全世界的知识，让我们能够与天南海北的朋友保持联系。与此同时，手机也可能是我们内心平静的最大敌人。

未查看的通知会让我们感到压力，皮质醇水平升高。邻居的理想假期会让我们羡慕嫉妒。网络上无礼和粗鲁的言行会激起我们的愤怒。媒体引发的对立会让我们更加认可自己的观点，并攻击所有反对我们的人。奇怪的是，我们仍然在问自己为什么内心无法平静。

> 每做一件事，停下来问问自己，死亡之所以可怕，是不是因为它剥夺了你做这些事情的机会。
>
> ——《沉思录》，马可·奥勒留，第十卷，第二十条

我们不妨来做个有意思的练习：拿出几分钟时间登录社交媒体，记录下我们看到的内容，以及这些内容给我们带来的感受。你会发现，和登录社交媒体之前相比，我们几乎不太可能会感觉状态更佳。由此可见，社交媒体似乎并非寻觅内心平静

① 图书馆位于埃及亚历山大城，是古代世界最大最重要的图书馆之一，在公元 415 年被摧毁，后经修复，于 2002 年重新开馆。（译者注）

的最佳场所。

然而，这就是我们的生活。最新的统计数据显示，西班牙人每天有 35% 的时间（大约 5 小时 45 分钟）花在屏幕前。全球平均水平是 6 小时 37 分钟。我们怎么可能不感到压力呢？

我们试图与一个专门设计来战胜我们的设备对抗。世界上最聪明的大脑聚在一起，创造出一个注意力窃贼，专门让我们在不知不觉中沉迷数小时。手机构思、设计和制造得很完美，诱使我们在屏幕前花尽可能多的时间。数十年数百万美元的投入创造出吸引我们注意力的手机，我们需要与之较量。

好消息是，我们可以做到，还是有办法的。例如，进行数码排毒（Digital detox）或购买无法联网的手机，这就是我建议的实践练习。

正如爱比克泰德在他的《论说集》中对学生说的，建议从小事做起，从那些对我们来说不那么困难的事情开始。因此，我们可以从将手机设置为飞行模式或关闭它一小时开始（或者两小时、三小时，或者我们认为适合的时间）。

要达到的目标是能够二十四小时或整个周末不碰智能手机。如果我们循序渐进，或采用休克疗法——直接关闭手机，我们可以实现这一目标。如果由于家庭或职业需要，我们必须将手机放在身边，我们可以购买无法联网的手机（售价为 20 ～ 30 欧元），告知他人我们无法连接网络，但他们可以通过电话联系我们。

该练习的目的，是尝试锻炼自控力和自律性，克服下意识看手机的冲动。这是我们拥有的能力，但似乎已经被偷走了。我提出的这个练习，进行起来并不容易。回溯古代，那时的人们虽然没有手机的干扰，但同样存在容易使人分心的廉价干扰因素。在那样的环境中，想要做到自控，行事节制有度，也绝非易事。正是基于这样的现实，斯多葛学派非常推崇节制这一美德。

我喜欢乘飞机旅行，因为除了当我进行数码排毒练习时，这是唯一一个我收不到消息、别人也联系不到我的时间段。只要我们愿意选择花时间与我们的思想相处，做真正对我们重要的事情，而不是每天平均查看手机 60 ～ 150 次，我们可以随时将手机设置为飞行模式。

决定权在我们手中。

在本章中，我们探讨了以下内容：

- 压力和焦虑是现代世界的疾病。我们面临财务压力、工作压力和个人压力。
- 我们可以用适应性或非适应性策略来应对压力。
- 我们什么都想做，想快速做，立刻做，所以我们会给自己造成压力。
- 学会放慢生活节奏和减少事务是当务之急。
- 拖延是一个普遍存在的问题，但我们可以克服拖延。
- 对抗现代压力的适应性方法：专注于真正重要的事情，进行数码排毒。

8. 嫉妒：一宗罪

> 除非是为了公共利益，否则不要将你剩余的生命浪费在揣测他人上；因为，当猜测某人在做什么、为何这样做、在想什么、在谋划什么以及类似的事情时，会扰乱你的心神，从而阻碍对内心指引的观察。
>
> ——《沉思录》，马可·奥勒留，第三卷，第四条

一个炎热的早晨，在雅典，有个人走近苏格拉底，想告诉他一件事，

“我听说了关于你学生的事，你知道是什么吗？”

“在告诉我之前，先等一下，”苏格拉底回答，“我希望你进行一个小测试，我称之为三重筛子测试。”

“三重筛子？”那人问。

“没错。在谈论我的学生之前，最好先花点时间过滤你要说的话，所以我称这个测试为三重筛子测试。第一个筛子是真相：你确定你要说的内容完全真实吗？”

“不确定，”那人说，“其实我只是听别人说……”

“好，所以你并不知道这件事是否属实。接下来是第二个筛子——善意：你要说的关于我学生的事，是善意的吗？”

“不，恰恰相反……”

“那么，”苏格拉底接着说，“你想说他的坏话，而且还不

确定真假。但还有第三个筛子——有用：你说的这些话对我有用吗？”

“不，其实没什么用。”

“既然如此，”苏格拉底总结道，“如果这件事既不真实，也不友善，更无必要，你为什么要告诉我呢？”

苏格拉底留下了无价的遗产。苏格拉底是西方哲学的奠基者，他以通过提问和逻辑推理直击问题本质的能力而闻名。在这个故事中，他教给了我们更宝贵的东西：一种避免陷入流言蜚语的方法。苏格拉底的三重筛子测试为我们提供了一份指南，用以判断所听之事是否真实、善意且有用。这套方法极其有效，能帮助我们应对本章将探讨的负面行为。

有人说，只要有两个人共处，就会有冲突。我觉得，人与人之间还能有更多东西：爱、关怀、理解、共情。不过，本章我们暂且放下“善”，专注于嫉妒、批评、八卦和辱骂等态度——它们虽是人类天性的一部分，但也让我们痛苦。与其他章一样，我将提供实用建议，帮助大家应对这些无益的行为，努力践行斯多葛学派倡导的生活之道。

比较：嫉妒的根源

> 依照古训，人有三大缺陷须避免：仇恨、嫉妒与轻蔑。唯有智慧能指明应对之法。
>
> ——《致卢基利乌斯书信集》，塞涅卡，第十四封，第十条

“envidia”（嫉妒）一词源自拉丁语 *invidere*，由 *in*（走向、投向）和 *videre*（注视）组成。因此从词源学来看，“嫉妒”意

味着“将目光投向某物”。不难推断是将目光投向不属于自己的事物。美国心理学会（APA）将其描述为“一种不满与怨恨的负面情绪，产生原因是渴望他人的财产、特质、才能或成就”。与妒忌不同，嫉妒仅涉及两人：嫉妒者与被嫉妒者；而妒忌至少涉及三方关系。例如，孩子会因父母更关注新生儿而产生妒忌；某人会因前任有了新伴侣而心生妒忌。

美国心理学会将嫉妒者描述为“对他人怀有不满或怨恨的个体”。西班牙皇家语言学院的定义则更进一步，将嫉妒解释为“因他人拥有美好事物而感到悲伤或痛苦”。我们竟然会因他人的顺遂而滋生不满、怨恨与悲伤。我们真的会为他人的成功而伤心怨恨吗？读到此处，你是否会对人性产生怀疑？

早在公元一世纪，塞涅卡就指出，古人已将嫉妒列为三大需要警惕的缺陷之一。这证明至少在两千三百年前，人与人之间就存在嫉妒了。我不知道是否有更早的记载，有可能自人类诞生之初，就有嫉妒了。

值得深思的是：人为何会嫉妒？根据我的阅读与亲身体验，根源在于比较。这非常符合人性——从进化角度看，比较与嫉妒曾帮助我们生存。若部落中有人因地位获得安全、庇护、食物与繁衍机会，我们自然会渴望取而代之。反之，则可能因资源匮乏而命悬一线。

由此，另一个需要注意的方面是：当我们嫉妒时，渴望的是他人拥有而自己缺失之物。但我们不仅仅是渴望，嫉妒最突出的标志是期盼被嫉妒者失去所有。我们甚至暗自希望对方显而易见的物质富足是假象。实际上，当得知被嫉妒者遭遇困境时，我们甚至会幸灾乐祸。难怪在基督教传统中，嫉妒被列为七宗罪[①]之一。

> 若见他人获得更多功名、权势或美誉，当心不要被头脑中的想法所惑，误以为此人幸福。因为真正的善存在于我们可掌控的事中，那里容不下嫉妒或妒忌。
>
> ——《手册》，爱比克泰德，第十九章

尽管嫉妒或许是人之常情，但思考一下，嫉妒背离了斯多葛精神。当我们嫉妒时，注意力便聚焦于他人的人生，而他人的人生我们完全无法控制。同时我们已经明白，专注于无法控制的事情毫无意义。

此外，嫉妒与斯多葛主义的四大美德无一契合。嫉妒既不智慧，也不正义；既不勇敢，更无自制。它让我们远离内心的宁静与良善的生活，并折磨着我们。因此，察觉嫉妒的诱因并着手应对至关重要。

> 嫉妒者会感到快乐吗？
>
> 不会。只会感到痛苦。
>
> ——《论说集》，爱比克泰德，第二册，第十二章，第七条

嫉妒是爱比克泰德尤为关注的激烈情绪，他在《论说集》中提及超过二十次。他说，嫉妒对我们有害，我们应该努力将嫉妒逐出生活，同时也要摈弃恐惧、欲望、恶意与贪婪。

① 七宗罪是对人类恶行的分类，分别为：傲慢、嫉妒、暴怒、懒惰、贪婪、暴食和色欲。（译者注）

嫉妒让我们痛苦：渴望拥有他人之物却求而不得。而被嫉妒者往往对此浑然不觉。如何承认自己在嫉妒？我们不愿承认。因为一旦承认，即便只是心理层面，也意味着自认低人一等，而无人愿屈居人下。

既然如此，让我们看看如何摆脱这份痛苦吧。我们接下来看看应对嫉妒的实用建议。

★第一个实践练习：完全交换人生

> 嫉妒是一种幻觉。我们只是嫉妒一个人整体中的某些方面。如果我们不愿与他们彻底交换位置（包括他们的生活、身体和思想），那就没什么可嫉妒的。
>
> ——《纳瓦尔宝典》，埃里克·乔根森

纳瓦尔·拉维坎特，是企业家、投资人，也是我眼中的哲学家，他坦率地承认嫉妒在自己的人生中存在过很长时间。要知道，纳瓦尔的财富估值高达六千万美元。是的，即使身为百万富翁，也会嫉妒，毕竟总有人比你更富有。

但纳瓦尔的有趣之处在于，他分享了如何克服对他人的嫉妒。

他曾嫉妒别人拥有更漂亮的车或房子，或者比他更富有。直到他意识到，自己其实并不愿意同他嫉妒的人交换人生。他问自己："你愿意完全交换人生吗？一天 24 小时、一周 7 天、一年 365 天？你愿意拥有那个人的全部生活吗？你愿意放弃自己的全部生活，离开你爱的人，去换取对方的人生吗？"

通过这种方式，纳瓦尔发现嫉妒是一种欺骗性的幻觉。它让我们以为，可以随意挑选他人生活中的某些部分，拼凑进自己的人生，使其完美。我们忽略了背后的代价。我们以为别人无须付出代价就得到了我们嫉妒的一切。我们忽视了他们的恐惧、焦虑和挫败。

纳瓦尔说：“如果你不愿同时接受那个人的坏与好，那嫉妒就毫无意义。我喜欢我的生活，也喜欢生活中的人。所以，不，我不愿意与一个更富有，但我不了解其正在经历或经历过什么难处的人完全交换人生。”

现在轮到你来思考了。

你通常因为什么嫉妒他人？是因为金钱、工作、地位、家庭、车、房子，还是粉丝数量？是因为他们的体形、外貌，还是表面的成功？

你愿意与你嫉妒的人完全交换人生吗？你的余生，愿意一天 24 小时、一周 7 天、一年 365 天，都过他们的生活吗？

记住，我们只看到他人生活的一小部分。百万富翁可能在追求财富的过程中放弃了健康和家庭。时下网红可能每天需要花大量时间用手机记录生活，并暴露在公众的审视下。电视上的名人可能因表达了某个观点而收到死亡威胁。顶级运动员可能一生都在训练、节食，过着军事化的生活。

你真的愿意用你的整个人生去交换他们的人生吗？

★第二个实践练习：只与自己比较

> 当你想到有多少人领先于你时，也想想有多少人落后于你。你与他人有何关系？你只须超越自己。
>
> ——《致卢基利乌斯书信集》，塞涅卡，第十五封，第十条

在这个世界上，我们唯一能掌控的只有自己，而且也不是

总能掌控。有时我们会无意识地行动，未经深思熟虑就行动，比如与他人比较。

从本篇练习开头塞涅卡给卢基利乌斯的建议中，我们可以推测卢基利乌斯为他人超越自己而担忧。塞涅卡提醒他，不要只盯着前面的人，也要看看身后的人。接着，他提出了一个关键原则：你与他人无关，只须超越自己。他人的进步与我们无关，我们只能专注于自己的成长。

内化这一点非常重要，原因有二：

1. 如果我们专注于自身，就能更好地认识自己，发现改进的空间。诚实地面对自己，我们会发现自己的弱点和需要提升的地方，同时也能强化已有的优势。我们将注意力集中在唯一可控的事物上——自己。我们可以每天进步一点点。

2. 我们无法嫉妒自己。当我们与他人比较时，会在自认为不如的方面感到嫉妒。当我们与昨天的自己比较时，只会为进步感到自豪，而不会感到嫉妒。

批评与八卦：在背后议论他人

从语法家亚历山大身上，我学到了厌恶批评。

——《沉思录》，马可·奥勒留，第一卷，第十条

此前我们提到爱比克泰德格外关注嫉妒，而马可·奥勒留则关注批评。作为罗马皇帝，他每日承受无数批评，但从《沉思录》中可见，他也竭力避免批评他人。他钦佩像“语法学家”亚历山大（Alejandro“el Gramático”）和养父安东尼·庇护

（Antonino Pío）这样厌恶批评的人。

不做批评在罗马宫廷中绝非易事。宫中充斥着八卦、流言、密谋与诡计，马可·奥勒留对此并不高兴。他知道身处此般环境，极易染上这类腐蚀灵魂的行为。

批评、八卦和辱骂（本章后续将详述）与嫉妒密不可分。批评的本质暗含与他人的比较：我们批评他人是因为自感某方面不如对方，评判他人是因为自感无法企及他人的高度；或者，我们批评他人是因为自视优越，评判他人是因为自感令他人望尘莫及。

在背后议论他人堪称“全民运动”。收视率最高的电视节目往往聚焦八卦绯闻，这些节目窥探他人私生活，严重侵犯他人隐私。主持人与嘉宾擅长编造名人的情感纠葛与桃色新闻，用揣测与臆想娱乐观众。

如果爱比克泰德说“我们关注什么，就会变成什么”，那么当上述节目占据我们的大量时间时，我们会变成什么？

> 不关注邻居说了什么、做了什么或想了什么，只关注自己的行为，使行为正义、纯善，这样的人将赢得多少自由时光？
>
> ——《沉思录》，马可·奥勒留，第四卷，第十八条

马可·奥勒留对背后讨论他人的行为深恶痛绝。从他的箴言（如上面一条）中可推断，尽管他对此极为反感，却仍难免偶尔陷入其中。毕竟，在《沉思录》中，可以看到他多次告诫自己，切勿将宝贵时间浪费在揣测他人言行上。因为这类行为不仅使他偏离美德，更浪费了永不复返的宝贵时间。他常常将

这种毫无意义的揣测，与回归内心、付诸行动的重要性相对比。专注自身才是真正有益之事。

如果我们不再讨论他人所为，转而专注自身，将精力放在尽可能优化自身行为上，我们将赢得多少时间？八卦与批评显然不是我们要优化的行为。

马可·奥勒留还洞悉：过度关注他人生活而忽视自我，终将使人陷入不幸与空虚。他在《沉思录》第二卷第 8 条中写道："因为忽视他人内心所想而感到痛苦的人少见，但疏于觉察自身精神活动的人必陷不幸。"如果不相信，不妨关注一下，当与朋友喝咖啡时，严厉批评不在场者，我们感觉如何？或当同伴不断八卦他人却言之无物时，我们感觉如何？

马可·奥勒留认为唯一可以揣测他人的情况，是当这种思考能为社群谋福祉时。我觉得这么想很合理，考虑到他是皇帝，这就更加合理了。除非我们是领导者或者团队管理者（和他类比一下），须为大局考量，否则窥探他人生活只会令人疲惫且毫无裨益。

接下来，分享两种特别有效的实践方法，以帮助我们避免批评与八卦。

★第一个实践练习：你是否会犯你所批评的错误？

> 每逢有人冒犯你，即刻思量他行此事时秉持的善恶观。思考后，自会生出悲悯，既不惊诧，亦无愠怒。因你终将理解他对善的观念，或与之类似的观念。
>
> ——《沉思录》，马可·奥勒留，第七卷，第二十六条

当我们因为某人伤害了我们或者他人，从而想要批评他时，

不妨诚恳地反思一下：倘若置身同样的情况，自己是否也会做出一样的行为。这是避免批评很有效的方法。在批评他人之前，我们应当——或者说应该——怀着谦卑的态度，先确认自己不会犯下同样的错误。

有一句被误传为马可·奥勒留的格言，正表达了这一观点："每当你准备指出他人的缺点时，先问自己一个问题：我身上是否有类似缺点？"

我承认，在项目初期，我也曾分享过这句格言。事实上，我未能在《沉思录》中找到它。马可·奥勒留是否说过这句话（似乎没有），我不得而知。即便他没说过，也不意味着这句话不正确。这句话蕴含了深刻的智慧，让我避免不经仔细思考就对他人妄加批评。如果我们发现自己也会犯同样的错误，或认为在类似情况下也会做出相同行为，那么就该践行斯多葛主义，不要批评。

★第二个实践练习：你会当面说吗？

根据我的经验，这个练习比第一个更能有效遏制我们想要批评或八卦的冲动。这个练习简单易懂，但实践起来并不容易：只须思考，如果那个人在场，你是否还会说出同样的话。

例如：假设某人做了让我们不悦的事，但我们没有勇气当面指出。随后，我们与朋友聚会时却开始批评这个人，谈论那些我们不敢当面表达的内容。此时，我们应该自问："如果这个人就在我面前，我还会这么说吗？"

如果答案是肯定的，那可以继续；如果是否定的——大多数情况下答案是否定的——我们就该停下来。因为如果我们想践行斯多葛主义并成为更好的人，背后议论他人显然不是一种有美德的表现。这种行为体现了勇气的缺失和自控力的不足。

因此，当我们察觉到自己想要对不在场的人进行随意批评或八卦时，不妨问问自己："我会当面说吗？"

辱骂：拒收的礼物

> 抗击的最好方式是不要成为他们那样的人。
>
> ——《沉思录》，马可·奥勒留，第六卷，第六条

相传东京附近住着一位年迈的武士大师，他教授年轻人剑道与冥想。尽管年事已高，传说他仍能击败任何对手。

某日黄昏，一个以不择手段闻名的武士前来挑战。此人擅长激怒对手：先诱使对方出招，再以惊人的洞察力抓住破绽迅猛反击。这个急躁的年轻武士想通过击败大师来扬名。

所有弟子都反对应战，但老武士接受了挑战。众人来到城中广场，年轻人开始辱骂武士大师：扔石块、吐口水、用尽脏话，甚至侮辱大师的祖先。

数小时内，他用尽全力挑衅，但老者始终不为所动。最终，筋疲力尽又自取其辱的年轻武士悻悻离去。

弟子们对老师忍受羞辱的行为深感失望，问道：

"师父为何甘受此等屈辱？即便可能落败，为何不拔剑捍卫尊严，反要在所有人面前怯懦不前？"

大师反问：

"若有人送你礼物而你不收，礼物属于谁？"

"属于送礼者。"一名弟子答道。

"嫉妒、愤怒与辱骂亦是如此，"大师解释，"若不接受，它

们仍属于施加者。”

我几乎每天都会在社交媒体上收到辱骂。起初，我难以理解并深受困扰，心想：“谁会浪费宝贵时间在社交媒体上辱骂一个素不相识的人呢？如果是不喜欢看到的内容，大可无视，何必出言不逊？”

辱骂现象并非现代独有，在古希腊和罗马时期便已存在。然而，社交媒体上的辱骂是新时代的产物。如果你有公开账号，全球任何能上网的人都能在几秒内对你恶语相向。

在斯多葛哲学的浸润下，我逐渐学会重新解读因辱骂而生的初始心灵感受，将辱骂看作是修炼内心平静的契机。例如，这段自我提醒对我裨益良多：如果过于在意陌生人的网络辱骂，说明其实我并无真正严重的困扰。只需几秒，换个视角，便能从沮丧转为感恩。试想，倘若医生已经下达了“死亡判决书”，你还会在意别人说你不知所云吗？倘若刚失去至亲之人，还会因被骂伪君子而恼怒吗？

随着时间推移，我领悟到：生活中的一切取决于你如何看待。而斯多葛学派正是这门艺术的大师。

除了上述转换解读方式的练习外，接下来我将再分享四个斯多葛学派的实践练习。在应对辱骂时，这些方法极大地帮助了我，相信对你也会大有裨益。

★第一个实践练习：为遭遇辱骂做好准备

> 黎明时分，做以下预备思考：我将遇到一个不知分寸的人，一个忘恩负义的人，一个傲慢无礼的人，一个满嘴谎言的人，一个善妒的人，一个孤僻的人。
>
> ——《沉思录》，马可·奥勒留，第二卷，第一条

我意识到自己经常重复马可·奥勒留的这句箴言，对我而言，这是《沉思录》中最重要的内容之一。在斯多葛实践中，为即将到来的一天做好心理准备至关重要。

仔细想想，我们几乎为所有事情做准备，唯独忽略了为更好地生活做准备。如果有会议安排，我们会提前准备以应对可能出现的问题；如果有演讲或报告，我们会精心准备，力求做到最好；如果有马拉松比赛，我们会训练数月以确保完赛。

塞涅卡和叔本华（Schopenhauer）都曾写道：生命由每一天组成，而每一天都是一段微缩的人生。因此，他们明智地指出，若想过好一生，先要过好每一天。人人都说想过好一生，但为何不为过好每一天做准备？难道期望好的一天自然而然地发生吗？

意识到这一点后，马可·奥勒留会提醒自己可能遇到的各种人，来为接下来的一天做准备。他并非为了让自己有优越感，恰恰相反，他是为了以怜悯之心对待所有人，并践行斯多葛理念：人类天生就该合作，而非对立。这一练习的目的在于，让他不会对所遇到的行为感到惊讶，从而能够从容应对而非冲动反应。

> 我发现，善的本质是美好，恶的本质是可耻，而罪人本身的本性与我的本性相似。我们天生是为了合作的，就像脚、手、眼皮、上下牙齿一样。相互敌对的行为是与自然相违背的。
>
> ——《沉思录》，马可·奥勒留，第二卷，第一条

我每天也为新的一天做准备。我会提醒自己：“今天你会在社交媒体上遇到辱骂你、批评你的人。你的责任是遵循斯多葛美德，不立即回击。不要同他们一样，要以善意、耐心和美德回应。”

因此，当我遇到辱骂时，我的第一反应不再是“为什么骂我？他们又不认识我”，而是“看，这正是你准备好的情况”。因此，我就能够退后一步，延缓反应时间（如第一章关于愤怒的内容所述），并选择如何回应。

另外，我也常常提醒自己：每个人都在打自己的仗，我不了解辱骂者的处境。

我深信，真正幸福平和的人不会把宝贵时间浪费在辱骂陌生人上，而是会致力于创造更美好的世界。基于此，我认为，如果一个人生活中最重要的事就是辱骂他人（常常躲在虚假账号后），那他很可能正经历人生的低谷。

当你在柜台前遇到脾气暴躁的人，或堵在路上，或有人做了让你恼火的事时，不妨用这种视角思考：“但是，这个人遇到了什么困难？”因为我们确实不知道他人的现实情况，也不了解他人正在经历什么。换作我们，也许也会这么做，甚至做得更糟。所以，只要有可能，退后一步，尽可能以最大的善意回应。

这便引出了第二个练习。

★第二个实践练习：以不同的方式回应

> 愤怒时记住：发怒并非男子气概，温和与平静才是。
>
> ——《沉思录》，马可·奥勒留，第十一卷，第十八条

我曾以为，最具个性和气场的人，往往是那些大喊大叫、脾气刚烈之人，正如俗话所说，他们天生“脾气火暴”。事实恰恰相反。随着年龄增长和反思，我意识到他们缺乏斯多葛哲学中的一项核心美德：自制力。他们是无法掌控自己的人。

现在我明白，能够控制好愤怒最初的不自觉冲动，并以温和平静的方式回应，才更显性格。在遭受辱骂的情境下，想要做到这一点尤其困难。不过，以下问题帮助我有效遏制以辱骂回击的冲动：“你想按照别人口中的你做出回应，还是以真实的自己来回应？”

斯多葛学派哲人，尤其是马可·奥勒留，坚信无论他人是谁，无论他人做了什么，我们都应该尊重以待。这并不意味着我们要像石头一样无动于衷，无法感到冒犯。例如，如果我们认为辱骂者错了，应尝试纠正，但要冷静、言辞简练精准，不被愤怒左右，按照我们想成为的那种人来回应。

我知道这听起来可能天真甚至难以实施。实际上，这样做只是意味着不以更多的挫败感回应挫败感。你试过以友善回应不友善吗？效果神奇。不妨做个实验：在接下来的二十四小时里，试着表现得像世界上最友善的人。用微笑接近他人，要东西时说“请”并友好地表示感谢，保持眼神交流，尤其是与那些初看粗鲁或不友善的人互动时。你可以更进一步，问：“你还好吗？需要帮忙吗？”这会立刻化解对方的敌意。做这些需要勇气，我们不正是想变得更勇敢吗？不正是想塑造坚强的性格吗？让我们从这些小事做起。

尽管我未能找到确切出处，但人们认为塞涅卡说过一条准则：把对待他人当作练习善良与友善的机会。无论他是否真的说过，这一原则本身很美。每次与他人交往时，我们既可以以善意相待，也可以以愤怒相待；既可以耐心对待，也可以表现得心烦意乱。我们希望选择什么？我们想成为什么样的人？希望自己的行为举止是什么样的？

正如本节开头马可·奥勒留的箴言所说："抗击的最好方式是不要成为他们那样的人。"另一种翻译是"与伤害者不同"。这应是我们所渴望的：若有人辱骂或轻视我们，要以不同的方式回应。不要以牙还牙，要以友善回应，用耐心与关爱化解愤怒。灭火而非添柴。

★第三个实践练习：区分事实与观点

> 记住：是我们自己让自己感到困扰和痛苦，或者说，观点让我们感到困扰和痛苦。因为，受到侮辱是什么？如果侮辱者利用被侮辱者的弱点，那么他就能达到目的。
>
> ——《论说集》，爱比克泰德，第一册，第二十五章，第二十八条

这段爱比克泰德的摘录直接体现了斯多葛主义的一个基本原则：区分事实与观点。

事实是对事物、行为、事件或人的客观描述："佩佩正在写一本关于斯多葛主义的书""这张桌子有四条腿""这只狗是白色的"。而观点则是我们对事实的价值判断："佩佩的书烂透了/棒极了""这张桌子很难看/很漂亮""这只狗可爱得不行/烦人得要命"。

事实独立于我们的思想，而观点则完全取决于我们的思想。事实在"外"，观点在"内"。你认为侮辱属于哪一类？让我们通过一个真实例子来看。

一个事实是：有人在社交媒体上给我留言："佩佩，你对斯

多葛主义的了解少得可怜，干点别的去吧。”我知道这是事实，我亲眼看到了这句话，字字如此。另一个事实是：这句话是写给我的，是通过 Instagram 私信发给我，并提到了我的名字。然而，“你对斯多葛主义的了解少得可怜”这句话是事实还是观点？“少得可怜”是观点。证据是，对这个人来说是“少得可怜”，而对其他给我留言的人来说是“令人惊叹”。一个人认为是少得可怜，另一个人认为是令人惊叹。也就是说，这句话是主观的、可解释的。因此，是一种观点。

当然，这并不意味着所有观点都没有依据。我并不是说所有观点都无效。有些观点非常精彩。我们只是在学习区分事实与观点，以便在应对侮辱时更好地管理自己的情绪。

> 记住：侮辱你或打你的人并不会伤害你，伤害你的是你的观点，它让你认为辱骂你的人和打你的人伤害了你。因此，当某人激怒你时，要知道实际上是你的观点将你激怒。想想这一点，然后努力避免自己被心中观点牵着走：如果此时能争取到一点时间和距离，就更容易控制自己。
>
> ——《手册》，爱比克泰德，第二十章

爱比克泰德在一段发人深省的摘录中提醒我们，真正伤害我们的并非侮辱本身，而是我们对侮辱的看法。也就是说，这里涉及双重观点：一方面是评判者（侮辱者）的观点，另一方面是评判接收者（我们）的观点。而我们的观点完全在我们的控制范围内。正如马可·奥勒留在《沉思录》第八卷第 47 条中所说：“如果你因外物而痛苦，困扰你的并非外物本身，而是你对它的观点。而你有能力消除这一观点。”

因此，如果想以有韧性和淡然的心态来面对侮辱和不公正的批评，学习、内化以下技巧并将其结合是关键。这些技巧有：为遭遇侮辱做好准备，以不同于伤害者的方式回应，并区分事实与观点。这样，我们的斯多葛工具箱中将增添多种思维策略。对一个人有效的方法未必适用于另一个人，所以我建议大家尝试上述技巧，选择适合自己的。

接下来，我们来看最后一种工具。遗憾的是，斯多葛著作中较少提及这一点，但我认为它对拥有美好生活至关重要：幽默感。

★第四个实践练习：运用幽默感

> 如果有人告诉你某人在背后说你坏话，不要反驳，只须回答："那是因为他不知道我的其他缺点，所以只提了这一个"。
>
> ——《手册》，爱比克泰德，第三十三章，第九条

不出所料，爱比克泰德是唯一一位有幽默感的斯多葛哲学家。人们认为斯多葛哲人有些无趣，倒也不无道理。对我而言，幽默是生活中不可或缺的，它能帮我们轻松化解许多问题。

当有人问及我的价值观或美德观时，我总是回答："斯多葛哲学四大美德（智慧、勇敢、正义、自制），加上幽默与创造力。"与其他美德一样，幽默也需要遵循中庸之道。过度的幽默并不好，没人会把一个凡事都嘻嘻哈哈的人当回事，过度幽默最终会令人生厌。而缺乏幽默感同样无益，一个对一切都过于严肃的人，往往会过度关注一些无关紧要的事。

我喜欢并受益于爱比克泰德的思想："如果他们批评我这一点，那是因为他们不知道我其他一千个缺点。否则，他们根本

不会提这个。”我承认，每当我想到这句话，都会立刻笑起来。而当我们微笑时，就更容易利用其他技巧，更容易冷静从容地管理自己的情绪。

> 许多人把小冒犯看得比实际严重得多。真正伟大而高尚的人，会像高贵的野兽一样，平静地听着小狗的吠叫。
>
> ——《论愤怒》，塞涅卡，第二卷，第三十二条

塞涅卡的这个观点也非常实用：想象侮辱我们的人其实是一只对我们吠叫的小狗。

我记得有一天下午，马德里交通拥堵严重，我被困在车流中。司机们为了一点点空隙争得不可开交，都想往前挪一点，尽快脱离堵车。我的出口马上快到了，突然有空了，我赶紧插了进去。如果不这样做，我就会错过出口，耽误更多时间。另一位司机也想插进来，但动作慢了一步，便开始疯狂按喇叭。我从后视镜看到他满脸通红，对我指手画脚，嘴里大概在骂骂咧咧。

这时我想起了塞涅卡的这句话，想象他是一只对我吠叫的小狗。相信我，这场景真的没什么不同。想象一只小狗因为我挡在它前面而对我狂吠，我心中的紧张瞬间消散，甚至忍不住笑了出来。到了下一个出口，我让他先走，并为插在他前面道歉，他也向我道了歉。

这种看似平凡的场景，其实是我们日常生活的一部分。正是在这种时候，我们容易发脾气，做出应受谴责的行为。正是在这种时候，我们容易偏离斯多葛派的内心平静，做出情绪化的行为，把最糟糕的一面展现出来。正是在这种时候，我们容

易掉进愤怒、嫉妒的陷阱，辱骂他人，过度批评。有时，我们自己也会成为这些行为的受害者。

因此，我衷心希望本章提供的实用工具能帮助读者避免这些行为，并在面对类似行为时，更好地控制自己。

在本章中，我们探讨了以下内容：

- 嫉妒主要源于我们与他人比较。
- 批评、八卦和辱骂与嫉妒密切相关。
- 应对随意批评的有效练习有：反思自己是否会犯所批评的错误，思考是否会当面说出背后议论的内容。
- 辱骂是他人的价值判断，而非事实。
- 为新的一天做好准备以及运用幽默感等是应对他人辱骂的有效工具。

9. 衰老：人生之戏的唯一剧情

让我们拥抱并热爱衰老吧；只要懂得善用它，其中便充满欢愉。

——《致鲁基里乌斯书信集》，塞涅卡，第十二封，第四条

六十三岁的塞涅卡觉得自己太老了。当他抵达罗马郊外的诺门图姆庄园时，从这座倾颓建筑的衰朽中看见了自己的倒影。近来他处处都能看见衰老的痕迹，但最常遇见它的地方，是在抱怨声中。刚进庄园，他就对着窘迫的管家抱怨："这些梧桐树怕是没人照料吧？连片叶子都不剩。枝条这般干瘪枯瘦，树干如此丑陋萎缩！但凡有人松松土浇浇水，也不至于成这个样子。"

管家早已习惯了这位暴躁老者的抱怨，努力辩解道，并非自己疏忽失职，实在是竭尽所能了。任凭他如何费心打理，庄园终究是太破旧了。

望着老宅的颓败景象，塞涅卡认命般自问："与我同龄的石头都如此，我又将如何？"不过塞涅卡明白迟暮之年的珍贵，他知道熟透的果实最为甘美，嗜酒之人最珍视最后一口。

他回想起贺拉斯（Horacio）一句让他振奋精神的诗："将每个黎明视为末日，意外收获的时光将成惊喜。"塞涅卡不愿再虚度余晖抱怨不休，既已抱怨得足够，神明既赐予新的一天，便

不该辜负这份馈赠。

他决定以余下的时光——这短暂的生命——从容自在地做自己的主人。[①]

从我的祖父维勒斯身上学到的：温和品性与内心安宁。

——《沉思录》，马可·奥勒留，第一卷，第一条

近两千年后仍被誉为史上最伟大领袖之一、被众多史学家称为罗马帝国最伟大皇帝的马可·奥勒留，其《沉思录》便以上述摘录开篇。

《沉思录》有十二卷，开篇是马可·奥勒留罗列生命中最重要的人，逐一描述他们身上值得敬佩的品质。他首先提及的是祖父马尔库斯·安尼乌斯·维勒斯（Marco Annio Vero），并着重强调两点明智之人皆渴望拥有的特质：温和的品性与内心的安宁。

当塞涅卡约六十二岁撰写其代表作《致鲁基里乌斯书信集》（即本章开篇引用的著作）时，已历经八年不公的流放、死里逃生，并在数次尝试后终于从日益疯狂多疑的尼禄宫廷中抽身。

塞涅卡在研读、写作与践行斯多葛哲学中寻找人生答案。正如他所述，这种哲学“塑造灵魂，规范生活，约束行为，辨明当为与不当为之事，如舵手般在风浪中为彷徨者引导航向”。

西塞罗一生最黑暗的岁月或许是他六十一岁，也就是公元前45年时。大约四年前，尤利乌斯·恺撒率军团渡过卢比孔河，正式向罗马元老院宣战。在这场战争中，西塞罗因站错阵

①《致鲁基里乌斯书信集》第12封，以此有趣的逸事开篇。

营失败了，一度退出政坛。同年，他最爱的女儿图利娅因难产去世，年仅三十三岁。

西塞罗深受打击。短短数月间，他失去了公共生活中最爱的事业、私人生活中挚爱的亲人。在此艰难时刻，如同一个世纪后塞涅卡所做的，他遁入唯一能带来慰藉的领域：哲学。这正是为什么他写下了“哲学帮助我们为死亡做准备”。

于我而言，哲学亦助人为生活做好准备。因此，本章汇集了塞涅卡与西塞罗关于衰老、生命短暂与死亡的核心思想。

我们将共同探索古典哲学如何为身处人生暮年的人提供宝贵洞见。我也衷心希望，本章能帮助读者（以及写下本章的我）带着精神力量面对余生。

> 无论老者还是青年，死亡都在其眼前——死亡从不按生辰顺序召唤世人。
>
> ——《致鲁基里乌斯书信集》，塞涅卡，第十二封，第六条

西塞罗：懂得优雅变老的艺术

我们总渴望活到老年，却又抱怨衰老。衰老意味着我们在世间历经多年，在这场名为生命的体验中幸存了很久，但未必等同于活出了美好人生。正如塞涅卡在《论生命之短暂》中所警示的，“皱纹与白发只能证明人存在得久，而非活得多”。

我认识的大多数人渴望尽可能地延长寿命。很多顶尖学府和实验室都在研究延年益寿的方法。塞涅卡若知此事定会不解，因为我们无法控制生命的长度，但我们可以决定生命的高度，那么专注于后者岂不是更明智？

矛盾的是，人类一面渴求长寿，一面哀叹衰老。这种悖论自古就有，两千多年前西塞罗便写道：“首当其冲的是老年：人人都希望活到老年，然而到了老年又都抱怨。人就是这样愚蠢，这样矛盾和不合情理！他们抱怨说，自己不知不觉地到了老年，真没想到它来得这么快。谁让他们抱有这种错觉呢？”[①]

记得年少时，我曾觉得老人可怜，因我拥有他们永不可复得的青春。自从研究实践斯多葛哲学后，我却有些艳羡他们——毕竟他们活到了我未必能企及的年纪。我也清醒地意识到，自己正陷入西塞罗质疑的事情：抱怨年岁增长，哀悼逝去的青春。正因时光易逝，活着才如此紧迫，这也解释了塞涅卡为何反复强调领悟生命短暂至关重要。

既然渴望活着，又为何抱怨年岁？西塞罗再度给出答案：“这些哀叹的根源在于品性，而非年龄。”

那么无论身处何种年纪，如何活得更好？在其以对话体写就的杰作《论老年》（*Sobre la vejez*）中，西塞罗给出了建议。不过书中对话者并非西塞罗本人，而是老加图（Catón el Viejo）与两名青年——保罗·埃米利乌斯之子（Pablo Emilio）西庇阿（Escipión）及其挚友莱利乌斯（Lelio）。

西塞罗撰写此书时六十二岁了，距离他遭政敌刺杀身亡还有一年零数月。而书中的老加图八十四岁了，在当时实为罕见。西塞罗假借加图之口，推测他可能会给出什么建议，或许西塞罗也想根据这些建议活到八十四岁吧。

这部著作提出的建议至今适用，连当代医生、营养师与心

① 本句译文引自［古罗马］西塞罗：《西塞罗三论》，徐奕春译，北京：商务印书馆，1998 年版，第 5 页。（译者注）

理学家都会推荐。两名青年惊叹于耄耋老者依然保持着旺盛活力，便请教如何能像他一样生活。加图精彩地论述了不应抗拒衰老，而应将其视为充满馈赠与欢愉的人生阶段。当然，这些馈赠与欢愉与其他年龄段截然不同，而这正是全书思索的核心所在。

我尝试总结了这部著作中最重要的五个观点，我们可以把它们当作实践练习。只要我们愿意，皆可在现代生活中付诸实践：

1. 第一个观点是，好的老年始于青年。当代医学与心理学也认同这一观点：我们应尽早培养有益于未来的习惯，视其为对自身的投资。这些习惯不仅限于身体锻炼，还包括品性与心智的锤炼。尽早培养节制、智慧等美德，有助于我们在岁月流逝中保持年轻心态。

西塞罗写道："我们要对抗衰老。我们应通过持续照料弥补衰老带来的不足和缺陷。我们要像应对疾病那样应对衰老，注意身体健康。我们可以遵循健康生活方式，适度锻炼，饮食有度，足以恢复体力，而不暴饮暴食。不仅要保重身体，我们更应关注心智与精神。因为它们如同油灯，若不添油终将熄灭。"

西塞罗用比喻解释，心智运作方式类似肌肉。身体肌肉需适度压力才能增长并维持力量，我们的心智也须定期挑战与刺激才能防止萎缩。西塞罗提及老加图晚年以惊人热情学习希腊语，日夜沉浸其中，也提到苏格拉底晚年学习九弦琴。

现代医学研究支持西塞罗的观点，证实学习乐器或新语言等活动对大脑健康有积极影响。这些心智挑战能强化神经元连接，预防认知衰退，帮助我们在年岁增长中保持思维敏捷。

2. 第二个观点是，如果能正确看待，衰老远非衰退期，而可能是人生中最丰富多彩的阶段之一。西塞罗与塞涅卡认为，如果我们多年培养智慧、节制与洞察力等内在力量（正如第一个观点所说），我们没有理由不充分享受这一阶段。

诚然，疾病可能随时降临，但若从年轻时便努力保持健康与活力，即可减轻岁月流逝的影响。

此外，西塞罗建议我们持续培养美德，为人正直，尽最大可能行为举止良善。因为“一生培养的美德，在历经漫长岁月后，会结出美妙果实。意识到自己为人正直，回忆起自己做过的诸多善行，都将在生命的最后时期带来极大的满足”。

3. 第三个观点是，长者不仅经验丰富，更能将智慧传递给年轻一代。我们不应该浪费长者的智慧。与部分人的想法相反，不同世代可相互协作，并从彼此的经验中获益。

西塞罗强调，他不仅享受与同龄人的对话，也乐于与年轻人交流。他提及自己很享受聚会与宴饮，并不在于饮食本身，而是因为在这些场合中催生的谈话很有价值。

尽管当今社会有时会边缘化或低估长者，西塞罗却认为老年人拥有无可估量的价值。这不仅源于其生活经验，更因其通常具备从容反思、建议与引导年轻人的能力。然而，年轻人有责任花时间倾听、学习并珍视长者提供的丰富经验与教诲。否则，这些智慧将白白浪费。

4. 第四个观点是，尽管衰老带来身体限制，我们仍应努力保持活跃生活。诚然，长者在体力上难与年轻人匹敌，但长者不该由此屈从于懒散度日，尤其不可放任心智停滞。正如西塞罗所言，心智如同油灯：若不添油，终将熄灭。

塞涅卡曾鼓励鲁基里乌斯像他一样每日学习新知。据史学家记载，塞涅卡直至生命尽头仍在研习哲学。此举践行了他的信念，在他给鲁基里乌斯的书信中写道：“只要我们活着，就应学习如何生活。”

我们都听过“健全的精神寓于健康的体魄”（mens sana in corpore sano）这句拉丁谚语。虽源自古语，至今依然适用。这再次印证：古代智慧照样适用于现代社会。正如哲学家、随笔家纳西姆·塔勒布所言：“问题越古老，解法也越古老。”

西塞罗列举了多位高龄仍积极活跃，并做出重要奉献的长者：如努米底亚开国君主马西尼萨（Masinisa），九十高龄仍坚持步行、策马奔忙，风雨无阻。西塞罗认为，这种体能或许源于锻炼和节制自律的生活习惯，帮助马西尼萨保留了部分青春活力。

西塞罗同时强调：我们不会期盼十五岁的少年具备老者智慧，也不该期盼七十岁老者角逐奥运赛场。人生每个阶段皆有独特的价值与美好，关键在于恰如其分地珍视当下。

5. 最后，第五个观点聚焦于对死亡的认知。西塞罗以其接近斯多葛学派的视角，邀请我们将死亡视为一种自然过渡，而非令人恐惧的终结。正如塞涅卡后来在《致鲁基里乌斯书信集》中所写，死亡是每个年龄段共有的现象，而非老年独有。尽管年轻人可能怀有长寿的希望，但老者已享有长寿，实现了年轻人仅能期盼的目标。

西塞罗提出死后有两种可能：要么一切结束，没有意识也没有担忧；要么存在新生，即存在的延续。若是一切结束，则无须恐惧，因为没有自我意识，也就不会体验痛苦或失去；若是存在新生，则意味着生命以新形式或维度延展。

西塞罗与塞涅卡均强调，无论我们是否相信死后世界，都应努力带着目标与美德度过此生。与其担忧未来，不如关注当下。既然无法选择生命长度，便应专注于活出美好人生。

与此类似，马可·奥勒留曾提醒自己勿拖延行动，因为不仅死亡会来临，能力也在慢慢丧失。

> 我们不仅须意识到生命一天天流逝，我们剩下的越来越少，更应思考：即便延长寿命，也无法确保心智仍能如常理解事物，或继续探索关乎神性与人性的理论。因此，我们应加快行动，不仅因死亡步步逼近，更因理解力与适应力会提前衰退。[①]

在马可·奥勒留看来，死亡不应被视为惩罚或突兀终结，而应视作生命循环的自然部分。与其恐惧，不如以平和心态接纳它，如同接纳生命中的其他阶段一般。

为补充西塞罗的教诲，我们将穿越百年时光，来到塞涅卡生活的罗马。这位斯多葛智者将从实践角度，阐述其对生命短暂与死亡的核心观点——这些主题与衰老一样，是人类无法回避的固有命题。

塞涅卡谈生命短暂与死亡

尽管本章至此多聚焦于衰老话题，但写此文时我年仅三十六岁。读者或许会如我般陷入误区：认为年轻人无权谈论衰老与死亡。如果有这个想法，不妨想一想塞涅卡的话："无论老者还是青年，死亡都在其眼前——死亡从不按生辰顺序召唤世人。"

①《沉思录》，第三卷，第1条。

十八岁生日刚过，我便收拾行李准备离家求学，这个场景恍如昨日。记忆中，在那之前我从未思考过死亡。岁月流转，我经历了至亲离世。虽然我小时候祖父就去世了，但我对此没什么记忆。直到 2008 年，祖母与叔叔在三个月内相继辞世。神父主持祖母葬礼时，我望着她的灵柩，首次认真思考死亡："若某日我死去，会像她那样活到九十岁，还是更早？"

那时的发问带着天真——那种心底里认定自己永不会死的天真，那种无意识地每天伴我们左右的天真。我们虽知终有一死，却少有人依此真相而活。

虽然经历了两位至亲离世，但此后数年，风平浪静后，我又将对死亡的思考抛诸脑后。直到某日，YouTube 推给我斯多葛主义的视频，我由此了解并学习了他们关于善生与死亡的哲思。

斯多葛哲人，尤其是塞涅卡，让我明白死亡可能随时降临——未必会等到迟暮之年，这成为我人生的分水岭。此刻，我们不妨想想：多少青年因疾病或车祸不幸离世？

在阅读塞涅卡前，我一直认为他人终有一死，而我是例外。我的感觉就像托尔斯泰笔下令人难忘的伊万·伊里奇（Iván Ilich）突然意识到自己将死时的感受：

> 他从基泽维特尔《逻辑学》中学来的三段论，"卡伊是人，人皆有一死，故卡伊必死"，在他看来只适用于卡伊，绝不适用于自己。卡伊是抽象概念中的人，卡伊会死固然正确，但他不是卡伊，不是抽象概念，而是具体的人，是独特的、与众不同的存在。

塞涅卡是斯多葛学派中谈论铭记死亡（*memento mori*）最

多的哲人。“铭记死亡”的练习就是每天提醒自己死亡的存在。在《致鲁基里乌斯书信集》中，塞涅卡写下启迪人心的一句话：“正如水钟并非因最后一滴水而流尽，而是一滴一滴消耗的；我们并非在最后一日死去，而是每一天都在接近死亡。”

何其真实！我们不知道自己能否活到迟暮，但确定的是：每一天都在向最后一天靠近。

那么，我们该怎么做？塞涅卡建议我们该如何生活？在给出答案前，塞涅卡先用几段文字彻底唤醒我们。数百年来，无数智者，从圣奥古斯丁（San Agustín）到米歇尔·德·蒙田（Michel de Montaigne），从笛卡尔（Descartes）到卢梭（Rousseau），再到弗朗西斯科·德·克维多（Francisco de Quevedo），他们的耳畔都曾回荡着塞涅卡的低语——生命并非短暂，而是我们荒废了太多[①]。

> 若善加利用，生命已足够漫长，足以完成最重要之事。
>
> ——《论生命之短暂》，塞涅卡，第一篇，第三条

塞涅卡认为，生命其实并不短暂，如果我们努力善用时间，便能完成对自己最重要的事。

问题不在于生命短暂，而在于我们将时间浪费在无关紧要的事上，缩短了生命。若能善加利用，生命已足够长。

塞涅卡提醒我们使用时间时要格外谨慎，要知道时间是最宝贵的财富，一旦失去便无法挽回。

---

① 本句译文引自［古罗马］塞涅卡：《论生命之短暂》，仝欣译，长沙：湖南人民出版社，2021 年版，微信读书版本第 16 页。（译者注）

在他看来，时间比金钱更重要。塞涅卡观察到，多数人吝于守护财产，却慷慨挥霍时间。

若能静心反思塞涅卡的教诲，我们或能意识到，到目前为止，自己是否已将大半生浪费在无意义之事上？

> 甲为乙管理事务，乙为丙管理事务，却无人是为了自己。
>
> ——《论生命之短暂》，塞涅卡，第二篇，第四条

实践练习

接下来，我们将通过一系列简洁的练习，来实践塞涅卡就生命短暂提出的建议。让我们开始吧。

★第一项练习：保护你的时间

塞涅卡特别强调，我们应警惕与他人的关系，并指出人类的一个根本矛盾：没人允许他人侵占自己的财产，却允许他人侵占自己的生活。

有多少人会允许陌生人住进家里几周？然而，又有多少人允许他人干涉自己的生活数月甚至数年？时间难道不是我们最宝贵的财富吗？

塞涅卡为这一困境提供了解决方案："你觉得自己会长生不老：你意识不到生命的脆弱性。[①]"根据我的经验，遵循塞涅卡的建议，思考死亡是保护时间，阻止任何人未经允许侵占自己

① 本句译文引自［古罗马］塞涅卡：《论生命之短暂》，仝欣译，长沙：湖南人民出版社，2021年版，微信读书版本第22页。（译者注）

财产的最佳方式。

每当收到提议时，我会评估所需时间以及自己是否能负担得起。我会问自己："如果我即将死去，会接受这件事吗？"如果答案是"毫无疑问，会"，我便接受；如果需要犹豫，我通常会拒绝。

记住生命的有限性，思考自身生命的脆弱性，你会更加珍惜时间。

★第二个实践练习：减少对未来的期待

塞涅卡认为，生命分为三个阶段：过去、现在与未来。其中，我们生活的现在最为短暂，未来充满不确定性，而过去则是确定的。

因此，正如东方哲学所倡导的，我们应专注于此时此地。若沉溺于过去或担忧未来，便会忘记唯一能真正生活的时刻：当下。活在当下需要我们全身心投入，因为当下始终在流逝——奔涌向前，转瞬即逝。

> 活在当下最大的阻碍，是对明天的期待。
>
> ——《论生命之短暂》，塞涅卡，第九篇，第一条

以下这些话大家应该不陌生：

"才星期二，离周五还远着呢……"
"快放假了，这个月赶紧过去吧……"
"赶紧读完这本书，好开始下一本……"

我们多少次发现自己急于结束某个阶段，好迎接下一个？我深知这一点，因为上述想法曾无数次出现在我的脑海中。我们总以为智慧与幸福在“之后”或“下一个”阶段，其实，我们完全可以在此时此地变得更智慧、更从容。若能留心，几乎每件事都能成为我们的老师——这正是斯多葛学派所追求的智慧。

因此，塞涅卡不断提醒我们：重新聚焦于当下，审视如何利用时间。当我们忙着思这想那时，生命正飞速流逝。

试着问自己：

“我是否对明天抱有过多期待？”

“我是否忘记了活在今天？”

“我的过去在多大程度上影响了现在与未来？”

★第三个实践练习：计算浪费的时间并为其定价

在《论生命之短暂》与《致鲁基里乌斯书信集》中，塞涅卡继续为我们提供解决方法，帮助我们无论身处人生何种阶段，都能更清醒、充实且从容地生活。他提醒我们，最重要的是善用时间。正如他所说：“最应受谴责的时间浪费，莫过于因疏忽而荒废时间。”

或许和我们一样，鲁基里乌斯也对塞涅卡的话感到不安，也曾请求他给出解释。塞涅卡回答道：“你或许会问，给出这些建议的我又是如何做的？我坦白告诉你：就像一个挥霍却谨慎的人，我会详细记录自己的开销。虽不敢说毫无浪费，但我能告诉你浪费了什么、为何浪费以及如何浪费的。”

换句话说，塞涅卡首先做的是意识到自己浪费的时间——浪费了多少、如何浪费的、在哪里浪费的以及为何会浪费。觉察是改掉习惯的第一步，因此我想问问大家：你非常了解自己把时间浪费在什么上了吗？你完全清楚时间都去哪儿了吗？

不仅如此，塞涅卡还分享了一个更直接的方法：为我们的时间定价。“你能指出谁为时间定价，为每一天定价，并意识到自己每时每刻都在走向死亡吗？”

如果我们为自己的时间定价，比如每小时 100 欧元（仅为举例），而每天浪费 3 小时，就意味着每天损失 300 欧元，一年下来便是惊人的 109,500 欧元。因此，当我们犹豫是否接受一场我们不感兴趣的饭局或活动，并预计它会占用 3 小时，可以问自己：“如果这要花我 300 欧元，我还会去吗？”如果我们为时间定价 100 欧元 / 小时，这实际上就是我们要付出的代价。

塞涅卡深谙人性。他知道，金钱比时间更具体，因此更能刺痛人。他也明白，金钱可以通过工作赚回，但时间一去不返。无论我们多么努力，都不可能重返二十岁。

> 审视你的内心，以各种方式检视自己并保持警醒；首要的是思考你是否在哲学修养或生活方式上有所精进。
>
> ——《致鲁基里乌斯书信集》，塞涅卡，第十六封，第二条

塞涅卡建议我们审视自我，看看自己是否活出了良善人生。若发现尚未做到，或至今仍未做到，便应努力改变，因为我们仍有时间。正因如此，塞涅卡重视内心审视（这一实践后来被基督教吸纳）。只有自省自查，我们才能知道自己是否在精神层面成长。

读者如你我，都不知道生命还剩几许光阴。因此，务必认真生活，好好生活——这是我们唯一的机会。

愿以海梅·希尔·德·别德马（Jaime Gil de Biedma）的优美诗作《我不再年轻》（*No volveré a ser joven*）为本章作结：

生活何其严肃
人总是后知后觉
——如所有青年，我曾
不顾一切地往前跑——

渴望留下印记，
在喝彩中离场
——衰老与死亡，不过是
舞台的布景摇晃——

但岁月流转，
真相刺痛着生长：
衰老与死亡，
才是这出戏唯一的剧情。

在本章中，我们探讨了以下内容：

- 斯多葛哲人与西塞罗皆向哲学寻求庇护，在晚年尤其如此。
- 西塞罗在《论老年》中，为我们提供了关于优雅变老的建议。这些建议不过时，仍如两千年前般适用至今。
- 塞涅卡在《论生命之短暂》中，探讨如何善用时间——首先须意识到我们浪费了多少光阴。
- 直至生命的最后一刻，我们都能学习如何更好地生活。让我们尽早开始，努力活出值得过的人生吧。因为正如海梅·希尔·德·别德马所言：生活何其严肃。

10.
失去至亲

这一章将不同于其他章节。在探讨如何面对至亲离世这一问题时，我不敢以故事作为开篇。这是一个沉重的话题，我认为没必要通过故事来引入。

我会通过分享自己生活中失去至爱之人的亲身经历，来开启这个话题的探讨，并详细说明在亲人离世前后，哪些方法切实地给予了我帮助。此外，我还将阐述塞涅卡在其《告慰书》中关于死亡的主要观点。我写这一章的唯一目的，就是试图帮助最近（或不是最近）失去至亲的读者，尽可能从容地应对悲痛。

在此，我鼓励读者以开放的心态来阅读这一章。尽管斯多葛哲人的一些建议看起来很严苛，但其意图并不是要伤害我们。恰恰相反，这些建议旨在提醒我们，我们比自己想象的要坚强，我们拥有足够的心理工具和能力，能够带着美德去面对至亲的离世。

这不仅是斯多葛哲人的初衷，同样也是我的初衷。希望这本书能为大家提供不同的视角和精神力量。

我们共同的命运

我们终有一死。而且，如果我们活得足够久，不论是谁，都难免要承受失去至亲之人的痛苦。看着心爱的人离去，这就是活着的代价。我们会失去伴侣、父母、近亲、好朋友，甚至可能是孩子。

> 你怎么能期望自己活得久，同时又希望看不到所爱的人离世呢？
>
> ——《论说集》第三册，爱比克泰德，第二十四章，第二十七—二十九条

我还记得写第一本书《屹立不倒》的时候，我一章一章地把内容分享给我生命中极为重要的人——我的姑姑。可惜，她没能把这本书读完。在书出版之前，她的癌症复发，永远地离开了我。

姑姑对我而言，就如同我的第二个母亲，也是促使我热爱文学的重要引路人。她曾是我小时候就读学校的校长，同时也是我的老师。我对那段时光的记忆不算多，但我始终清楚地记得，每周五下午四点到五点，我们会一起复习一周学过的动词时态。每周一，她会给我们一个动词，要求我们在周五前掌握它的所有时态。到了周五，我们会排成一排，她会随机提问某个时态。我们必须把所有时态都牢牢掌握，因为根本不知道她会问到哪个。

姑姑一直努力教我正确的表达和书写，让我对文字怀有敬意（说实话，直到现在，每当我坐下来写作，都会想起她）。就这样，在二十五年后，我每周都会把第一本书刚写好的章节发给她，满心期待着她的修改，就如同当年上学时她耐心纠正我动词使用的错误那样。她针对其中几个章节给出了修改意见，可还没来得及看完所有内容。所以，我把那本书献给了她。

幸运的是，或者说是命运的安排，我学习和实践了斯多葛哲学。这不仅帮助我为姑姑的离世做好了心理准备，也帮助我

以恰当的方式，从失去她的悲伤和痛苦中慢慢走出来，继续我的生活。自从姑姑在 2021 年 12 月 4 日离世以来，我每天都会想起她。其中心情复杂，既有因她不在身边而感到的怀念，也有因能享受她陪伴三十四年而感到的喜悦。

从姑姑离去的那天起，我对生死的看法也发生了变化。陪伴至亲之人走到生命尽头的这段经历，教会我要时刻牢记，每一天都有可能成为生命中的最后一天，毕竟，生命终有尽头。我经历过，所以我理解其中的含义。有过类似经历的人，对此都有切身体会吧。

塞涅卡与死亡

尽管古代哲学并非包治百病的万能药，但它确实能——也确实在——极大地帮助人们面对所爱之人的离世。在斯多葛学派的哲学家中，塞涅卡对死亡的探讨最为深入。死亡是其著作的核心主题，所以每当有人问我如何学会面对死亡时，我总是推荐阅读他的作品。因为正如他敬仰的西塞罗所言，学会面对死亡，正是哲学的终极目标。

生命中的每分每秒都在印证一个事实：死亡越来越近了。这里所说的死亡，不仅包括我们自身的，也涵盖身边人的。无论你是否愿意，当你读完这段文字时，你又朝着死亡靠近了一步，而此刻正在写下这些话的我，亦是如此。正因如此，我写下这些文字时完全确信，毫无“冒充者综合征”[①] 的顾虑。我们

① 是指个体按照客观标准评价，已经获得了成功或取得成就，但其本人认为这是不可能的，自己没有能力取得成功，感觉是在欺骗他人，并且害怕被他人发现此欺骗行为的一种现象。（译者注）

同处一艘船上，塞涅卡也曾在此舟中。

若要我着重指出塞涅卡的一个核心观点，那便是：让我们心生恐惧的事物，远比真正会伤害我们的事物多得多。相较于现实中所经历的痛苦，我们在想象中承受的煎熬往往更为频繁且深切。比如，我们想到死亡时，往往会感到痛苦，或者更准确地说，当我们在无意识、不自觉的情况下想到死亡时，那种痛苦便会涌上心头。

塞涅卡建议我们每天都去思考死亡，从而习惯它的存在。他深知人类强大的环境适应能力，意识到我们同样可以适应“死亡”这一概念，并且可以学会以更为健康的方式与之共存。对他而言，每天对死亡进行冥想，意味着获得更多自由。因为当我们不再畏惧死亡时，生活便少了分恐惧，多了些自在。

事实上，已有研究开始表明，斯多葛学派提倡的“中性接纳死亡”的态度，与死亡焦虑的减轻相关[①]。这种中性接纳，关键在于要内化一些观念，例如“死亡既非善亦非恶”或“死亡是生命自然的一部分”——这些正是斯多葛哲学的观点。

偶尔，我会看到类似“不要思考死亡，否则会招来它”的评论。如果对死亡避而不思，便能将其拒之门外，那该有多好啊！遗憾的是，我真心认为，人类尚不具备这般能力。

以我的个人经验而言，更有益的做法是铭记每一天都可能是最后一日，并依此而活。塞涅卡教会我：每一刻都至关重要，每一天都能活出一生的分量；每一个崭新的日子都是馈赠，让

① Menzies, R. E., y Whittle, L. F. (2022). Stoicism and death acceptance: integrating Stoic philosophy in cognitive behaviour therapy for death anxiety. *Discover Psychology*, 2 (11). DOI: 10.1007/ s44202-022-00023-9.

我有机会尽可能地好好生活，并缅怀那些已逝之人。塞涅卡的思想，为我们如何生活，如何面对死亡，带来了如此深刻且积极的指引。因此，重视塞涅卡的建议至关重要。接下来，便让我们一起看一看。

在第 63 封信第 1 条中，塞涅卡对卢基利乌斯说："你的朋友弗拉库斯（Flaco）之死让我伤心。…… 我甚至不敢要求你别为他哭泣，因为我知道，流泪反而是更好的选择。"他给出的建议，如今已被现代科学证实有效，我亲身经历过，也清楚其作用——为逝者哭泣。

哭泣能解脱心灵，坦率地说，这种感觉很棒。我见过许多人强忍泪水只为显得坚强。随着时间的推移，我发现，强忍泪水不仅无益，反而阻碍了人们以恰当的方式面对悲伤和痛苦。

因此，在后来的第 99 封信中，塞涅卡甚至鼓励卢基利乌斯用眼泪治愈伤痛。他写道："失去朋友时，不要无动于衷，但也不必泪如泉涌，只须让泪水自然流淌。"

不过，他也警告不要过度痛哭——尤其是为了博取他人关注。他提醒卢基利乌斯别夸张表现，更别强装悲伤。为什么呢？"想知道悲叹与号哭从何而来吗？我们流泪是为了证明自己的思念；我们不忍受痛苦，而是展示痛苦。没有人会独自默默悲伤。多么愚蠢的不幸啊，连痛苦里都掺杂着赢得名声的野心！"

塞涅卡并非反对我们痛苦悲伤，而是主张应自己消化情绪。塞涅卡谴责的，是痛苦中掺杂着野心。尽管令人难以置信，但我曾在葬礼上目睹过一种诡异的竞争：人们比较谁更悲痛、谁更煎熬，仿佛这样才能证明自己爱得更深。

和塞涅卡一样，我认为不可无动于衷，但应独自或与至亲密友共同面对痛苦和悲伤。因为塞涅卡怀疑，当有人大肆宣扬痛苦（尤其持续过久时），或许只是想吸引注意。他尤其怀疑那些独处时平静沉默，见人却瞬间泪如雨下的人。

在第 63 封信中，塞涅卡坦承自己也曾为挚友阿奈乌斯·塞纳斯（Anneo Sereno）的离世痛苦不堪。为何这位给出建议的智者自己却如此煎熬？他坦言："因为我从未想过他会死在我之前。我只想到了他比我年轻，年轻得多，可命运不遵照年龄排序啊！"

接着，他向卢基利乌斯传授了应对之道："我们必须明白，自己与所爱之人终有一死。当时我本该提醒自己：'我亲爱的塞纳斯更年轻又如何？他本该死在我之后，但也可能先我而去。'正因我未如此自省，命运才趁我不备，给了我猝不及防的一击。"

自从我开始传播斯多葛哲学，收到了无数来信。他们感谢我向他们介绍了"铭记死亡"（*memento mori*）这一概念，还分享了如何将其付诸实践。他们告诉我，正是因为在亲人离世前做了铭记死亡的练习，才能更好地面对，并以平静的心态接受无法改变的事实。

因此，我总是不厌其烦地说：思考死亡，对于过好生活至关重要。具体来说，塞涅卡提出的练习是关键所在，那便是在亲人离世前，预想他们可能会离去的场景。正如塞涅卡所言："今天可能发生任何随时都可能发生的事。"

在此，塞涅卡提醒我们使用斯多葛学派的一项重要技巧来减轻痛苦，爱比克泰德也用过这一技巧：如果你为那些很可能发生的事情做好准备，那么当它们不可避免地发生时，你就不会感到意外，也不会遭受太大的打击。

> 如果发生了任何被称为不希望发生的事情，首先能让你感到宽慰的是，它并非出乎意料。无论如何，重要的是“要知道自己生来终有一死”。因此，你可以对自己说：“我知道自己终有一死”“我知道我可能会离开”“我知道我可能会被流放”“我知道我可能会进监狱”。
>
> ——《论说集》，爱比克泰德，第三册，第二十四章，第一百零四—一百零五条

塞涅卡的《告慰书》

在古罗马时期，“告慰书”是一种广为人知的文学体裁，用途是为经历痛苦（尤其是因失去至亲或遭遇逆境而导致的痛苦）的人提供抚慰。这类作品通常还会融入哲学教诲或作者希望读者领会的思想。塞涅卡写了三部《告慰书》：

- 致玛尔恰（Marcia）：塞涅卡约四十五岁时为丧子三载的玛尔恰而作。他认为玛尔恰在丧子之痛中沉浸太长时间了，应当将重心转向生命中仍在世的亲人。
- 致赫尔维娅（Helvia）：数年后，塞涅卡从科西嘉岛的流放地写给母亲赫尔维娅。信中他试图抚慰母亲因他不在而感到的痛苦，并探讨了命运的无常本质与内心智慧的价值这两个斯多葛哲学的核心命题。
- 致波利比乌斯（Polibius）：这部作品旨在安慰痛失兄弟的波利比乌斯。塞涅卡不仅给予慰藉，更借机请求他的仁慈——因其身居高位，是克劳狄乌斯（Claudius）皇帝的秘书。

接下来，我们看一些塞涅卡在《告慰书》中最精彩的观点，这些观点能够帮助人们面对失去至亲的痛苦：

1. 塞涅卡建议我们不要试图立刻克服痛苦，也不要强迫他人调整节奏。每个人都有自己走出悲伤和痛苦的方式和时间。我们需要给自己一个合理的期限。试图加速消化失去至亲之人的痛苦只会适得其反。

塞涅卡在经历漫长的流放时，完美地应用了这一原则。他在流放中等待了一定时间后，才写信安慰母亲："我知道，当你的痛苦最开始爆发时，我不该直面它，以免我的安慰反而加剧了你的痛苦。就像在疾病中，不合时宜的药物最有害。因此，我等待痛苦自行减弱，等到时间平息痛苦到它可以承受药物的程度，等到它可以接触触碰和治疗。"（《致赫尔维娅的告慰书》）

我们无法在身体疼痛最剧烈时进行治疗，同样，试图安慰刚刚遭受重大打击的人也是困难且无用的。我们应该等待一段时间，否则可能会适得其反。

2. 塞涅卡引导他的朋友玛尔恰，尽管看起来不可能，但克服痛苦是可行的。他提醒玛尔恰，过去，她已经战胜了当时看似无法克服的打击。他写道："我唤起你的回忆，唤起你过去经历的苦难，是为了让你明白，新的伤口也会愈合。我向你展示的疤痕，之前也是同样深的伤口。"（《致玛尔恰的告慰书》）

一个能增强内心力量的练习（至少增强了我的内心力量），就是如同塞涅卡所建议的，提醒自己，在过往的生活中，我们已经战胜了诸多艰难时刻。而这一次，即便痛苦万分，也不过是另一个艰难时刻罢了。无论我们觉得多么难以置信，无论当下的处境多么艰难，时间（以及进行自我反省的内在修行）都会渐渐帮助我们渡过难关。

在我的生活里，我认识一些人，他们有的失去了孩子，有的失去了年轻的伴侣，还有的在幼年就失去了父母。他们都有一个共同点：他们都坚强地挺了过来。显然，无须多言，他们经历了没有任何人想要经历的艰难处境。生活就是如此，仅仅是活着，我们就可能经历这些事。

痛苦得以缓解的希望，赋予我们承受苦难的勇气。

——马塞尔·普鲁斯特（Marcel Proust），

《追忆似水年华》（*En busca del tiempo perdido*）

3. 对我帮助极大的另一个方法是，当我需要时，我允许自己为姑姑去世而哭泣。同时，我也为自己设定一个走出悲伤的日期。人无法选择自己的感受，也无法精确决定哪一天停止哭泣，这个日期当然只是一个预估。但设定一个“到此为止”的日期确实对我很有帮助，让我能够继续生活，我知道这也是她希望看到的。塞涅卡并不是要求我们成为毫无感情的自动机器，面对亲人离世无动于衷。他要求我们保持理性，尝试为悲痛设定一个终点，然后继续生活下去：“我不会给你制定如此严格的规则，不会建议你以非人的方式应对人类的痛苦，不会想在葬礼当天就擦干一位母亲的眼泪。不，我会与你一起探讨一下：痛苦是否应该是巨大的或是无尽的。”（《致玛尔恰的告慰书》）

塞涅卡还提醒玛尔恰，悲痛可能变成一种习惯，而非丧子之痛的真实表达。“你疲惫的双眼流下的泪水，更多是出于习惯，而非思念。”（《致玛尔恰的告慰书》）

如果经历过至亲离世，就会知道，随着时间的推移，痛苦的强度会逐渐减弱。当我们经历艰难时刻时，无论多么痛苦，记住这一点至关重要。生活还会继续，不会因任何人的离去而停止，随着岁月的流逝，我们会逐渐习惯没有那个人的生活。

4. 与上述观点类似，塞涅卡建议我们要允许自己痛苦，但不要强迫自己沉浸其中。与前一点不同的是，他建议通过有趣的活动分散注意力，避免总是沉浸在失去亲人的痛苦中，“生活会逐渐抹去你的悲伤。只要你专注于其他事情，你的精神就会得到分散。”（《致玛尔恰的告慰书》）

我再次强调，我不是说不要感到悲痛。我们需要给自己时间，而尝试新事物来分散注意力或许可以帮助我们。新的爱好、新的任务，同时对自己保持耐心。允许自己感到悲伤，但不要强迫自己悲伤，也不要因为自己走出悲伤而惩罚自己——这种现象非常普遍。正如塞涅卡所写：“允许自己感到悲伤与强迫自己悲伤之间有很大区别。”《致玛尔恰的告慰书》）

5. 最后，塞涅卡的另一个核心观点，也给了我极大的帮助——感恩与所爱之人共度的时光，尽管这段时光比我们希望的更短暂。塞涅卡精妙地写道：“如果你曾获得巨大的满足，不要抱怨被夺走的东西，而要为曾经幸运地拥有而感恩。……如果要在短暂的幸福与从未幸福之间选择，那么拥有短暂的美好，要好过从未拥有。”（《致玛尔恰的告慰书》）

与一个人共度过一段时光，总好过从未相遇。有人可能会想，既然失去如此痛苦，或许从未认识那个人会更好。塞涅卡要是听了这个想法，恐怕会提醒我们，我们再次忘了人的本质是社会性的，并且终有一死。我们活着，就是会与他人共处并最终失去他们。当我们忘记这一人类基本法则时，痛苦便开始了。

以上只是浅显概述了塞涅卡在《告慰书》中提出的观点和实践。我怀着诚挚的心意，精心挑选了那些在我看来最契合21世纪思维模式，且在我悲痛时给予我莫大慰藉的内容。

如果有读者正在经历悲痛，我建议静心阅读这三本《告慰书》。在这个艰难的过渡期，这三本《告慰书》或许可以给予陪伴与慰藉。衷心期望可以坚强地走出阴霾。

最后，我想以一项练习结束本书。尽管在我的前作《屹立不倒》中出现过了，但我仍想在此重复，正是因为进行了这个练习后，我珍藏了与姑姑共进最后一餐的温馨回忆。

实践练习：最后一次

> 我们应常常提醒自己的心灵，去爱事物，正如它们将要消失一样，确切地说，它们正在消失。
>
> ——《致玛尔恰的告慰书》，塞涅卡

那天晚上，我内心平静地合上了电脑。我们刚刚进行了一场漫长的对话，讨论如何学会在每日提醒自己死亡将至的情况下好好生活。第二天，我的姑姑将接受癌症复发的手术，我不禁想道：也许稍后的晚餐，可能是我们共享的最后一餐。

或许是刚刚的对话让我清醒，我问了自己以下问题："如果这是我和姑姑的最后一顿晚餐，我希望如何记住它？我希望如何度过呢？"因为事实上，这顿晚餐可能有多种场景。一种是我们可以打开电视，边吃饭边看手机，几乎不交流；或者，相反的另一种场景是，我们可以聊聊感受，分享生活中的趣事，回忆过去的家庭故事，细细品味食物，倾听彼此，不打断、不评判。

多亏我问了自己的那两个问题，那顿晚餐更接近我所设想的第二种场景。如今，两年多过去了，我依然感激自己当时的那份清醒。事实上，那确实是我们最后的晚餐。

> 我从未想过这会发生。你认为那些你知道可能发生，也看到发生在许多人身上的事，不会发生在你身上吗？这个人失去了孩子，你也可能失去；那个人被判了罪，尽管你有清白，你也可能遭到审判。
>
> ——《致玛尔恰的告慰书》，塞涅卡

我做的这个练习，名为“最后一次”，是我所知的帮助我们珍惜所爱之人最为有效的方法。我们永远无法知道哪一刻会成为与他们相伴的最后一刻，正因如此，每一个和所爱之人共度的瞬间，都值得我们用心珍视。我认识一些人，他们的亲人在极为平常的活动中，像散步、吃早餐或者运动时，骤然离世。他们此前已经与至亲之人度过了最后时刻，只是当时浑然不觉。这个练习，正是为了防止我们日常在与最重要的人相处时，开启“自动驾驶”模式，心不在焉。

我承认，这是一个有强度但非常简单的练习。让我们来看看它的内容以及如何实践。[1]

花几秒钟想想生命中的所有事情，每一件都有最后一次。

和所有人一样，有一天你会离世，这是活着的自然结果。但在死亡之前，逐渐地，很多事情你都将无法经历了。那些你

① 这个练习在我的 YouTube 上有介绍：<https://youtu.be/LbRiIoz8Izw>。

现在认为理所当然的事情，那些日常生活中的行为，都会从你的生活中消失。每件事都会有最后一次。

如果你是父母，想一想，你最后一次接孩子放学、为他准备早餐或读睡前故事是什么时候？或者，什么时候将会是最后一次？如果你仔细思考，这些事情都是无价的。由于它们看起来如此平常，我们往往没有给予足够的重视。

以我为例，我们的女儿每晚都会多次把我们吵醒。这很辛苦，但我知道，这也终将会有最后一次。根据其他父母分享的经验，多年后，甚至会怀念孩子把你吵醒的日子。

我们一生中所做的一切都是有限的，都是有一定次数的，每件事都会有最后一次。问题在于，我们往往认为这些事是理所当然的，总觉得我们还会再做几百次甚至几千次。

我们似乎总是在等待周末或假期来享受生活，却没有意识到这些时间只占我们生命中的百分之十到十五。而其余的时间，我们似乎只是在努力生存、勉强应付。以这种方式生活，我们可能会注意不到，我们做每一件事，都可能是最后一次。实际上，一项活动，无论有趣与否、简单或复杂、令人喜爱还是令人厌烦，每做一次便少了一次，离最后一次也就更近一步。

> 在当前的事物中选择最好的，然后想想，如果它们没有了，你又会如何追求？
>
> ——《沉思录》，马可·奥勒留，第七卷，第二十七条

最大的问题是，我们并不知道每件事的最后一次会是什么时候。例如，我非常喜欢打篮球，但已经有五六年没打过比赛了。我还会再打篮球吗？我不知道。但最后一次打球时，我从

未想过那可能是最后一次。

现在，请思考以下问题：

- 你最后一次和父母共进晚餐是什么时候？
- 你最后一次去看电影是什么时候？
- 你最后一次高质量独处是什么时候？

好的，问题已经明确，现在是寻找解决方案的时候了。读到这里，你可能会有疑问：我们如何才能与所爱之人度过更美好的时光，以防这些时光成为最后一次呢？我的答案是，更加关注我们正在经历的当下，更加投入，并想象这是最后一次。

我知道信息量太大，一下子难以消化。为了避免“噎住”，我们可以把这个练习变得更“小”一些。这样，实践起来会更简单。

早上，选择一件你今天要做的事情。当你准备去做时，做以下心理准备：

- 要尽可能专注于这件事。试着全身心投入，排除干扰，集中注意力。
- 想象这是你最后一次做这件事。这次之后，你将永远无法再做它。

如果今天是你最后一次见到父母，你希望如何度过？你会全身心投入，还是盯着手机？如果今天是你最后一次去最喜欢的咖啡馆，你希望这次经历是什么样的？是细细品味咖啡，还是刷 Instagram？或者，如果这是你最后一次散步，你会以双倍速听有声书吗?

尽管这些想法可能会让你感到悲伤，但这绝不是这个练习的初衷。恰恰相反，这个练习的目的是，希望我们能意识到自己能够做这些事情是多么幸运。毕竟我们还在这个世界上，而许多人已经没有机会了。这个练习，就像所有重要的练习一样，需要时间去实践，还需要有耐心。这个练习做起来肯定不容易，但道理和方法非常简单。

希望能对你有所帮助。

> 今晚的时光如何并无任何承诺。我说的时间太远了：当下的每一刻都无任何保证。
>
> ——《致玛尔恰的告慰书》，塞涅卡

最后，我想对所有正在经历艰难时刻的人，说几句温暖的话。我真切地知道此刻很痛苦、很艰难。请相信，我们比自己想象中更强大，可以去承受这一切。我们拥有应对的方法。在这漫漫人生路上，所有人都经历过失去重要之人的椎心之痛，每个人也都慢慢学会了如何与现实和解——凭借着耐心，怀揣着爱，坚持自我修行，再让时间慢慢抚平伤痛。

> 不要认为，如果某件事对你来说困难且痛苦，就意味人类无法做到；相反，如果某件事对人类来说是可能的、自然的，那么请相信，也是你力所能及的。
>
> ——《沉思录》，马可·奥勒留，第六卷，第十九条

在本章中，我们探讨了以下内容：

- 我们有相同的命运。我们终有一死，也会经历所爱之人的离世，这是活着必须付出的代价。
- 尽管古代哲学并非万能药，但它确实能帮助人们面对所爱之人的离世。
- 塞涅卡建议我们每天思考死亡，以习惯它的存在。对他来说，每日冥想死亡意味着获得更多自由。
- 在古罗马，“告慰书”是一种广为人知的文学体裁，用途是为那些经历痛苦或悲伤的人提供安慰。塞涅卡写了三本这样的作品。
- 经常练习“最后一次”，可以帮助我们更专注、更有意识地与所爱之人共度时光。

致 谢

首先，我想感谢我的女儿朱莉娅，她是我最棒的老师。是她教会了我什么才是真正纯粹、真挚的爱。感谢我的妻子伊莎贝尔，面对我每日学习和践行斯多葛主义，她始终以斯多葛式的心态忍受着。不仅如此，她还怀着无比的爱、耐心、专注与真诚，认真审阅了这本书的初稿。感谢我的父母和兄弟姐妹，感谢他们给予我的爱，让我脚踏实地。感谢我的姑姑，即便她已在天堂，我也能感受到她每日都在为我指引前行的方向。

感谢所有信任我、在精神和经济上支持我的人。感谢 Patreon 的会员，是你们让这个项目得以持续。尤其要感谢读书社群的成员们，每周和你们交流已经成为我心灵的慰藉。还要感谢那些通过参加我的课程、收听我的播客、订阅我的 YouTube 频道，踏上斯多葛主义学习之路的人。感谢你们为自我提升所付出的努力。

感谢梅赛德斯·卡斯特罗，在我撰写这本书的过程中，她耐心应对我的各种问题轰炸，提出了许多友好且有建设性的改进建议，还总是关心我的女儿朱莉娅。感谢霍尔迪·纳达尔，他在 Plataforma Editorial 付出了卓越的努力，感谢我们在不同播客中的交流，也感谢他对我的赏识。感谢 Plataforma Editorial 的其他成员，感谢他们对我所托之事展现出的友好态度、积极配合与全身心投入。

感谢亚历克斯·罗维拉，他欣然应允并为我的第二本书撰写了精妙绝伦的序言。他与人合著的《让幸运来敲门》深深地启发了我，让我能够写出这本书。也感谢弗兰塞斯克·米拉列斯，他激励我坚持每天写一页内容。没有他的榜样，这本书就不会呈现在你的手中。

最后，感谢你，亲爱的读者，感谢你信任我并购买这本书。

参考文献和阅读推荐

Aurelio, Marco. (2019). *Meditaciones*. Gredos.

Bakewell, Sarah. (2011) *Cómo vivir: una vida con Montaigne*. Ariel.

Birley, Anthony. (2019). *Marco Aurelio*. Gredos.

Brewer, Judson. (2022). *Deshacer la ansiedad*. Paidós.

Castellanos, Nazareth. (2021) *El espejo del cerebro*. La Huerta Grande.

— (2022). *Neurociencia del cuerpo*. Kairós.

Cicerón, Marco Tulio. (1975). *Sobre los deberes*. Editora Nacional.

— (2020). *Sobre la vejez*. Escolar y Mayo.

D'Ors, Pablo (2019). *Biografía del silencio*. Galaxia Gutenberg.

De Montaigne, Michel. (2013). *Ensayos*. Cátedra.

Epicteto. (2016). *Disertaciones, por Arriano*. Gredos.

Epicteto y Hadot, Pierre (2021). *Manual para la vida feliz*. Errata Naturae.

Epicuro. (2013). *Filosofía para la felicidad*. Errata Naturae.

Ferriss, Tim. (2017). *Armas de titanes*. Deusto.

Frankl, Viktor. (2021). *El hombre en busca de sentido*. Herder.

García, Pepe. (2022). *Siempre en pie*. Plataforma Editorial.

Gil de Biedma, Jaime. (1998). *Colección poesía*. Plaza & Janés.

Gracián, Baltasar. (2014). *El arte de la prudencia*. Austral.

Greene, Robert. (2020). *Las leyes de la naturaleza humana*. Océano.

Hadot, Pierre. (2009). *La filosofía como forma de vida*. Alpha Decay.

— (2013). *La ciudadela interior*. Alpha Decay.

Hall, Edith. (2020). *Los griegos antiguos*. Anagrama.

Hanh, Thich Nhat. (2010). *Hacia la paz interior*. DeBolsillo.

Jorgenson, Eric. (2021) *El almanaque de Naval Ravikant*. Colección Baelo.

Kundera, Milan. (2023). *La lentitud*. MaxiTusquets.

Monterroso, Alberto. (2009). *El emperador impasible*. Alcalá.

— (2018). *Séneca: la sabiduría del imperio*. Almuzara.

Plutarco. (2005). *Vidas paralelas*. Cátedra.

Pressfield, Steven. (2013). *La guerra del arte*. Black Irish.

Proust, Marcel. (2016). *En busca del tiempo perdido*. Alianza.

Rufo, Musonio. (1995). *Disertaciones*. Gredos.

Séneca, Lucio Anneo. (2012). *Tratados morales*. Austral.

— (2016). *Diálogos*. Gredos.

— (2018). *Cartas a Lucilio*. Cátedra.

Taleb, Nassim Nicholas. (2016). *Antifrágil*. Booket.

Tolstói, Leo. (2011). *La muerte de Iván Ilich*. Alianza.

Waitzkin, Joshua. (2007). *El arte de aprender*. Urano.

Watts, Alan. (2022). *La sabiduría de la inseguridad*. Kairós.